通透

看透事物本质，洞悉价值规律

王岩鹏 编著

民主与建设出版社
·北京·

© 民主与建设出版社，2024

图书在版编目（CIP）数据

通透 / 王岩鹏编著 . -- 北京：民主与建设出版社，2024.5

ISBN 978-7-5139-4594-3

Ⅰ.①通… Ⅱ.①王… Ⅲ.①情商—通俗读物 Ⅳ.① B842.6-49

中国国家版本馆 CIP 数据核字（2024）第 087082 号

通透
TONGTOU

编　　著	王岩鹏
责任编辑	刘树民
封面设计	仙境设计
出版发行	民主与建设出版社有限责任公司
电　　话	（010）59417749　59419778
社　　址	北京市海淀区西三环中路 10 号望海楼 E 座 7 层
邮　　编	100142
印　　刷	三河市冠宏印刷装订有限公司
版　　次	2024 年 5 月第 1 版
印　　次	2024 年 6 月第 1 次印刷
开　　本	700 毫米 ×1000 毫米　1/16
印　　张	12
字　　数	144 千字
书　　号	ISBN 978-7-5139-4594-3
定　　价	68.00 元

注：如有印、装质量问题，请与出版社联系。

心要简单，人要通透

前　言

不知道大家有没有发现,生活中有很多人经常抱怨现在的生活太累、太难了。之所以这样,一方面是因为工作压力大,竞争一天比一天激烈,整个社会都在严重内卷;另一方面是因为社会生活节奏不断加快,大家不再像过去那样可以享受慢生活,几乎所有人都被推着往前走,根本没有太多的时间去经营自己的理想,也没有太多精力去享受生活。

生活的难和累与社会环境的变化息息相关,社会的发展的确带来了生活方式的改变,但人们对生活的感知往往和个人的生活理念有更大的关联性。

如果认真分析就会发现,那些生活压力大、生活不如意的人,经常怨天尤人、自暴自弃,往往缺乏自我调节的能力,他们的生活观念和人生理念都存在一定的偏差,对生活认知不足,同时又容易受外界环境的影响。

比如,多数人对自己的定位没有清晰的认知,欲望太大,想法太多,并且明显超出了自己的能力范畴,所以他们很容易被各种欲望压垮。

又如,有的人没有强大的内心,遇到挫折和困难时消极应对,对生活失去信心和勇气,认为生活充满坎坷。还有一些人,总把生活想得很复杂,也总是习惯用复杂化的思维经营生活,结果深陷其中,难以自拔,整个人都活在低效的状态中。

因此，我们若想改变现状，就不能总是寄希望于社会善待自己，而应注重心性的调整和培养。既然觉得生活太忙、太累、太苦、太复杂，那不妨主动多给自己放松的时间，让自己更简单一些、更通透一些，不被太多外在的东西影响情感和思维。

那么怎么定义简单、通透呢？

所谓的简单、通透是一种智慧，也是人生的一种大境界。简单、通透的人，往往活得比较乐观、坦然，在他们看来，生活中所有的遇见都是一种幸福，包括那些困难和失败。

比如，有的人总是感慨人生有太多的坎坷，感慨人生有太多的不幸，但著名作家林清玄说："'人生不如意事十之八九'……常想一二，不思八九，事事如意。"

德国作家歌德更是直言："让珊瑚远离惊涛骇浪的侵蚀吗？那无疑是将它们的美丽葬送。一张小红脸体味辛苦所留下来的东西，苦难的过去就是甘美的到来。"

人生应该有一种器量，可以包容生活中所发生的一切，这种包容不是选择无视，不是选择破罐子破摔，而是用发展的眼光看问题，用乐观的心态面对问题，用简单的理念规划生活。

所谓的简单、通透，是指人们要抛下得失心，一切顺其自然。很多人非常在意一时的得失，有所收获时就欣喜若狂、目空一切；失去时就消极绝望，对生活失去信心。漫漫人生几十年，一时的得失根本无足轻重，每个人最终都要学会在起起伏伏中前进，在坎坎坷坷中成长，因为一时的得失而动摇心志，只会增加不必要的烦恼罢了。真正通透的人不会被外界事物干扰，凡事懂得顺其自然，认真体验生活的快乐。

所谓的简单、通透，是对生活、对人生的认知更加通透，摒弃复杂的、充满欲望的生活方式，以一种简单、豁达的心态面对生活。一切都简简单单，就没有太多的负担和烦恼，人生也就不需要负重前行。比如，有人会感叹欲望太多而机会太少，感叹付出太多而所得太少，他们将满足欲望当成人生的第一要务，可是人生真正的快乐来源于知足，来源于感恩。

懂得感恩的人，不会被欲望支配，也不会痴迷于攀比，而是安心地过好自己的生活，体验生活中的快乐和美好。

人们应该站在更高的高度上来体味自己的生活，不要总是用物质来衡量生活的价值，要知道，生活的意义在于成长，在于自我证明。

CONTENTS 目录

第 1 章
尽人事，听天命，生活才会过得通透

  002 划定能力圈，做好人生规划

  007 正视并接受自己的缺点

  011 尊重规律，顺其自然

  015 有时候，放弃比努力更重要

  020 顺势而为，契合大环境

第 2 章
做正确的事，这就是生活的准则

  026 选择正确的方向，有时候比努力更重要

  030 不值得去做的事情，就不要做

  034 定期复盘自己，及时改进

  038 自律是少犯错的重要保证

  043 在最恰当的时机做最正确的事

第 3 章
简化工作方式，拒绝复杂化

048　缩减不必要的内容，提升效率

053　坚持第一原理，回归本源

057　坚守二八法则，重点关注那些重要事件

061　团结协作，实现合理分工

065　每次只做一件事，只追求一个目标

第 4 章
简单通透的人生，需要给自己减负

070　抛却过多的欲望，让内心保持宁静

075　不要沉迷于攀比，努力做自己

080　做人做事，最重要的是心安

084　保持简约的生活模式

088　远离无效社交，拒绝无意义的生活

第 5 章
认真过好每一天，充实自己的人生

094　活在当下，不要执着于过去和未来

098　建立生活的信仰，引导自己前行

102　分解目标，然后逐步实现

106　相比结果，更要关注过程

111　适度安排一些生活琐事，体验生活的快乐

第 6 章
看透生活的本质，微笑面对生活

116　不要在心情不好的时候做决定

120　多想一想那些让自己快乐的事

125　拒绝完美主义，不在细枝末节上过度纠结

129　把每一次挫折当成一次历练

133　相信困难是暂时的，一切都会雨过天晴

第 7 章
真正的简单，在于难得糊涂

138　主动求人，让别人产生被需要的感觉

143　懂得包容别人的错误

147　吃亏是福，懂得让利于人

151　做人糊涂一些，不要事事都弄明白

155　不要害怕在人前展示自己的弱点

第 8 章
简单源于自信，通透在于平和

160　加强阅读和学习，用知识来提升心境

164　主动和那些心境澄明的人交往

168　经常思考和冥想，净化内心

172　感知生活，体验生活

176　热爱生活，保持良好的生活习惯

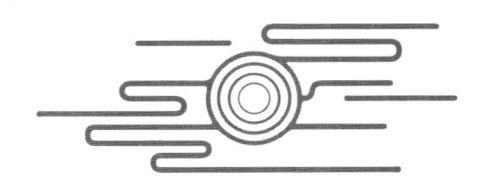

第 1 章

尽人事，听天命，
生活才会过得通透

◎ 划定能力圈，做好人生规划

"股神"巴菲特是世界级的大富豪，但是他的几个孩子都比较普通，在事业上根本无法和他相提并论，其中一个儿子还像普通农民一样在家种地。许多人都曾希望巴菲特的儿子可以子承父业，巴菲特自然也有过这样的想法，但他更尊重儿子的选择，并鼓励儿子去追求属于自己的生活。

有一次，有位记者去采访巴菲特的儿子。其间，记者询问对方，为什么会选择在农村经营农场，而不是跟着父亲做投资。巴菲特的儿子显得很平静，他告诉记者，自己的能力只适合完成农场内的工作，所以他的人生规划都是围绕农场来展开的，这样的生活让他觉得很舒适，也很快乐。如果让他像父亲一样去投资，制订各种商业计划，就超出了自身的能力范畴，只会增加很多不必要的烦恼。

很多人觉得巴菲特的儿子缺乏雄心壮志，认为他辜负了巴菲特家族的"金字招牌"，但很少有人去关注一点：巴菲特的儿子活出了自我。他或许不是最富裕的富二代，也不是最有知名度的富二代，但肯定是最开心、最自在的富二代之一。

在日常生活中，很多人都无法像巴菲特的儿子那样洒脱和通透，无法像他一样心甘情愿地接受简单的生活。在规划人生的时候，人们渴望追求更多的东西，期待自己爬上更高的位置，他们将自己的目光聚焦在那些"更具吸引力"的远大目标上，却忽略了一点：自己是否有能力去获得并驾驭它。

人们常说，人生的痛苦往往在于求而不得。为什么会这样呢？很大一部分原因在于人们选择在能力之外进行努力，在于人们选择去挑战一些自己根本无法做好的事情。这时候，人们就会承受难以承受的压力，面临难以解决的难题。

做自己想做的，更要做自己能够做到的，这是一个最基本的人生法则。人都是有欲望的，都会产生一些更高的理想和追求。比如，每个企业家都希望像马斯克、库克那样成功，每个商人都希望成为世界顶级富豪，每个学生都希望考上世界顶级大学，每个员工都期待着可以进入世界最好的企业上班。

有期待是好的，但必须量力而行，每个人都要做自己能力范围之内的事情，因为只有自己能力范围内的事情才是可控的。当一个人的所求和所得与自己的能力、才华、精神能量不匹配的时候，往往就会过得很痛苦，因为他没有办法很好地驾驭它们，没有办法经营好自己的人生。

小李在北京一所普通大学上学，毕业后，他想找一份待遇更好且更有发展前景的工作，于是就让舅舅帮忙。之后，舅舅通过自己的人脉，将小李安排在一家跨国公司上班。顺利进入公司之后，小李非常高兴，对未来的人生也充满了信心和期待，同学们对他也是羡慕不已。

可是表面风光的小李，实际上却有苦难言。由于小李毕业于普通学校，自身的学历和能力都不具备优势，因此常常遭到同事们的非议，加上小李在工作中表现不佳，一些别人做起来很简单的工作，他却难以顺利完成，因此接连几个月的绩效考核都是倒数。领导数次找他谈话，这让他感受到很大的压力。

入职半年以来，小李几乎每天晚上都失眠，每次在公司里看到领导都会下意识地产生恐惧感和逃避心理，这让他痛苦不堪。

思来想去，小李鼓起勇气找到舅舅，说出了自己准备辞职的想法。舅舅一开始替他感到惋惜，但最后还是尊重他的决定。不久之后，小李提交了辞呈，然后选择在一家普通的私企上班。渐渐地，家人发现他爱笑了，而且工作时的信心和劲头也更足了。

很多时候，人们之所以觉得生活太累了，很大一部分原因是自己背负了太多原本不应该背负的东西，甚至是背负了一些自己无法承受的东西。这些东西会轻易打乱生活的节奏，破坏生活原有的平衡。

想要让自己更加轻松，一定要保持内心的简单、通透，而简单的关键在于认清自己，给自己一个精准的定位。其中最重要的就是划定自己的能力圈，弄清楚自己适合做什么、擅长做什么，能做到什么程度，会创造多大的价值。找出一个界限，然后依据自己的能力属性和界限，进行更加合理的人生规划。

生活中，人们在做事之前，可以试着设定一个难度系数表格，比如将工作的难度系数划分为1、2、3、4、5、6、7、8、9、10，共十个档次，然后对自己进行客观分析，看看这份工作对自己来说难度系数是多大，自己在这件事上所能完成的难度系数最大是多少。通过简单的对比，就可以确定自己是否适合做这项工作，以及能不能很好地完成。

也可以给自己划定能力圈，把自己最擅长做的事情列出来，然后看看所要做的事情与能力圈内的事情是否有交集。如果是个人能力圈之外的事情，那么就要量力而行，避免盲目接受挑战带来的烦恼。

需要注意的是，划定能力圈并不是给自己画一条固定的界线，因为每个人都在不断成长，相应地，也会带来专业知识的积累、经验的增加及个人层次的提升。所以划定能力圈本身是一个需要不断改进的过程，我们需要经常审核自己的能力圈，及时做出调整。

许多人都认为投资是一项非常累的工作，因为投资者需要应付各个领域的投资项目，是一种很大的考验，对此投资大师查理·芒格说过这样一段话："我们投资成功的一个重要秘诀，就是从不假装自己了解所有的事情，从不以此来愚弄自己。我们有一个分类体系，将那些自己无法理解的东西，归纳到'太难'的类别中，而且我会不定期把那些暂时无法理解和解决的问题放在这个类别里，只有当解决问题的方案出现时，我才会把它们从'太难'的类别里挪出来。如果你不清楚自己的能力圈在哪儿，这只能说明你已经站在能力圈之外了。"

◎ 正视并接受自己的缺点

在谈到个人的发展时，人们常常会提到一个要求——强化自我认知能力。一般来说，自我认知是比较困难的一件事，其中对自身缺点的认知是最难的。

为什么会出现这样的情况呢？想要弄清楚这个问题，可以先了解一个著名的理论：约哈里窗口理论。约哈里窗口理论是由美国社会心理学家约瑟夫·勒夫和哈里·英格拉姆共同提出的，它将人际传播中信息流动的地带和相应的状况划分为四个象限。

第一个象限是"开放区域"，代表"公开的我"，关于个人的信息是对外开放的。

第二个象限是"盲目区域"，代表"盲点的我"，里面涉及的个人信息被外界熟知，但本人却不知道。

第三个象限是"隐秘区域"，代表"私密的我"，这里的信息属于个人私密信息，外人并不知道。

第四个象限是"未知区域"，代表"未知的我"，个人的信息尚未被挖掘出来，但会在特定情况下表现出来，只是自己和他人都不知道。

按照这四个象限的划分，人们可以轻易地发现，自身缺点的认知一般分为两种情况。一种是个人存在的信息盲点，也就是所谓的盲目区域。

在这个区域内，人们对自己身上存在的问题一无所知，或者没有一个明确的认知，但是别人对此非常了解。如果别人不愿意提醒，或者自己不愿意接受他人的提醒，那么这些缺点永远存在，并且严重影响自己的生活和工作。

另外一种是个人存在隐秘区域。简单来说，个人对自身存在的缺点了如指掌，而别人并不清楚，这种私密性可能会让人倾向于遮掩，而不是补救。为了给别人留下一个更好的形象，为了打造一个更加完美的自己，很多人可能选择隐藏自己的缺点。这时候，缺点就会成为一个隐形的大麻烦，人们需要花费更多的时间和精力来遮掩，这种保护措施最终会让自己的生活变得越来越复杂、越来越累。

无论是盲目区域还是隐秘区域，都可能让人们产生自我保全的想法，毕竟对个人来说，往往渴望在别人面前呈现出最完美的一面，以此来获得更多的认同和赞美。但比较现实的问题是，每个人都有缺点，其中一些缺点可能会永远伴随自己，选择遮遮掩掩或者掩耳盗铃，只会让缺点不断扩大。

很多人在生活和工作中经常会感到挣扎，产生无助感，很大一部分原因就在于他们不能认识到自己的缺陷。总是想办法表现得更加完美。但缺点是客观存在的事实，遮掩和忽略并不能从根本上改变它直接影响和制约个人发展的特性。

假设一个人头脑灵活，有很多非常好的方案和策略，但是他的缺点在于缺乏管理和运作的魄力，也不善于交流。在这种情况下，如果他执着于当大领导，执着于成为部门一把手，就可能会带来很大的工作负担，因为自身存在的管理缺陷已经阻碍了他在管理方面的发挥。但是如果他愿意接受助理或者二把手的角色定位，在工作中反而可以表现得更加轻松、更自在。

"尽人事"的核心就是寻找个人能力的界限，而一个人身上的短板和不足本身就是制约个人能力发挥的重要因素，人们需要正视这些短板的存在，真正做到扬长避短。

有个篮球运动员，运动能力非常出色，球商也很高，但是由于双手比较大，投篮能力偏弱，进攻能力有限，因此他在队内很难成为一个可靠的点，更别说成为队内第一号球星了，球队要求他尽心辅佐队内的第一得分手。很多朋友替他打抱不平，还建议他换队，他们认为他的运动天赋出众，教练应该让他更多地参与进攻，球队的战术体系也应该围绕着他开展，毕竟在大学期间，他是球场上当仁不让的核心。

面对朋友们的劝说，这个篮球运动员表现得很理性，他认为自己的投篮缺陷比较明显，在如今的篮球比赛环境中更是一大短板，这制约了他成为进攻核心。如果想在球队中发挥自己的作用，就要立足于球队的防守及快攻，并且变成一个辅助型球员。

正因为如此，他坦然接受了教练安排的角色，强化了防守挡拆和进攻挡拆的能力，增强了护框能力和传导球能力，最终成了队内不可或缺的一员。

在管理学中，有一个著名的"木桶理论"，即一个木桶能装多少水，不是由木桶中最长的木板决定的，而是由最短的那块木板决定的。

这个理论在某些情况下也适用于个人的发展，比如一个人的优点可能会带来竞争优势，但缺点同样会成为阻碍发展的因子，包括角色安排（我只适合做这个）、能力水平（我只能做到这种程度）、发展空间（我只能获得这么多的成就）、潜在的风险和威胁（我可能会面临哪些困境）都受到缺点的制约。

当人们在面对自身缺点的时候，可能习惯性地选择隐藏和逃避，可是这样做无疑会造成更严重的后果——不但会不断给自己制造压力，而且在面对外界的压力时会导致自己过分敏感。比如当一个人工作做得不好，一直没有办法获得突破，他的表现拖累了整个团队，因为糟糕的表现受到领导的批评时，他就会产生恐惧心理，这时候，他更加不敢面对自己。

然而，一旦一个人选择坦然面对自身的缺点，将自己的发展情况明明白白展示出来，他常常就表现得更加淡定。他不会为自己要做什么而纠结，不会担心自己能不能实现目标，不会害怕自己做得不好而产生负面影响。事实上，人们从一开始就应该建立合理的自我定位。

因此，我们需要主动正视并接受自己的缺点。比如平时要积极反省，客观分析自己，找出自己身上最大的缺点，然后一一列举出来。遇到事的时候，就可以依据这些缺点来评估自己的行为，看看这件事适不适合做，然后制订合理的规划。

◎ 尊重规律，顺其自然

《百家讲坛》的知名讲师于丹曾经说过这样一段话："真正的和谐绝不仅仅是一个小区邻里之间的和谐，也不仅仅是人与人之间的和谐，还包括大地上万物和谐而快乐地共同成长；人对自然万物，有一种敬畏，有一种顺应，有一种默契。"

在这里，于丹老师谈到了人对自然、对自然法则的敬畏之心，谈到了人应该顺应自然法则去生活。其核心就是要求人们在做事的时候，不要试图去主导一切，不要违背自然法则和事物的发展规律。对自己无能为力的事情，要顺其自然，尽量以平常心去应对，从而实现个人与自然的和谐共处。

但在很多时候，人们更倾向于信任自己的主观能动性，更期待借助自己的力量改变环境，改变自己想要改变的一切。当然，对自身力量的绝对信任并不完全是坏事，不过这种自信必须建立在对世界、对自然法则正确认知的基础上。

人们大可以竭尽全力去创造，但必须顺应天命，必须遵循规律和法则。

人类文明在不断进步，而且自始至终都是依据规律行事。可以说，人们在日常生活中的所有行动都离不开自然规律的牵制。违背规律的人，即便付出了很多的心血，也无法取得任何预期的成果。

比如，很多人费尽心思炒股，总是想着从股市中大捞一笔，但绝大多数人最终都在股市中折戟沉沙，究其原因就在于不了解股市运作的基本逻辑和企业发展的规律。要知道，任何事物都有一个起始、发展、高潮、衰败、消亡的过程，想要了解一件事的发展前景，想要找到解决问题的方法，应先观察和了解事物在发展过程中处于哪一个阶段。

企业的发展也是如此，相应的，一个企业的股价也会经历这样的过程。虽然股票短期内会有一定的波动，但是从长远来看，基本上都是按照这样的发展规律在运行。投资者购买股票或者抛售股票，也必须遵循这样的发展规律，而大部分股民总是想着追涨，总是想着买涨不买跌，这本质上就是对股票发展规律的漠视。

假设一只股票从20元上涨到了30元，然后在短短几年时间里一路上涨到了100元，这时候，很多新股民肯定会继续买入，因为他们认为股价或许还会上涨到200元，甚至一直往上涨。可是对于有经验的投资者来说，他们会花时间分析企业的发展，思考企业目前所处的发展阶段。如果企业达到了高速发展期，那么还可以继续持有股票，可是一旦企业进入发展顶峰，必定会下行，股价也不可避免地下跌。此时，投资者需要提前抛售股票。

同样的，当股票不断下跌时，许多人都避之不及，根本不会买入，可是对于有经验的投资者来说，只要这家企业的发展不存在太大的问题，股价不可能一直下跌，因为跌到低谷的时候，就会反弹上涨。此时可以选择抄底，或者提前买入，等到股价上涨的时候自然会挣得盆满钵满。

股市投资的原理非常简单，在低谷时买入，在进入峰顶时卖出，以此来挣差价，但是很多人都无法做到这一点。与其说他们无法把握和预测什么时候是峰顶、什么时候是低谷，倒不如说他们不尊重股市的运作规律。

对违背规律的人来说，无论他的能力多么出众，无论他的投资手法多么高明，无论他的资本多么雄厚，都无法在股市中赚到钱。

在日常生活中，人们所面对的一切都受到自然规律的制约和影响。就像人们无法发明永动机，无法逃避死亡，无法一直长高一样，人们的创造力、人们的奋斗和努力，一旦脱离自然法则，就会变得毫无意义。正因为如此，人们在做事的时候要顺其自然，不要过分执着，不要逆势而为，以免徒增烦恼。

有家科技公司濒临倒闭，公司创始人的儿子试图力挽狂澜，拯救这家公司。可是在努力了两年之后，依旧是毫无起色，公司的状况持续恶化。要知道，在这两年时间里，他几乎没有睡过一个好觉，没有浪费一分钟的时间，几乎将全部的精力都放在工作上，而且他还承受着巨大的工作压力。

有一天，朋友找到他，希望两人联手进军人工智能产业。朋友认为当前的科技与产品明显不符合市场需求，国家也在逐步淘汰这些传统的技术，开始积极推行人工智能，所以还不如直接转型，利用自己的资金和市场，积极发展人工智能技术。

听了朋友的话，他仍觉得心有不甘，认为自己的技术实力还是有的，只要继续努力，公司的市场份额就会慢慢好起来，眼下如果转型，就意味着以前的努力都白费了，还需要投入大量时间、精力和金钱重新开始，所以他直接拒绝了。

结果，两年之后，朋友和别人合开的人工智能公司获得了5000万元的融资，而他自己的公司却没有好转，最终因为资金周转出现问题无奈宣布破产。

从某种意义上来说，人是自然的一分子，人的法则本质上也是自然的法则，所以所谓的尽人事还是会受到自然法则的影响。

尽人事是一种态度，听天命才是基本的行为准则，因为只有遵循规律，人们的生活与生产活动才会更加简单明了，才不会被一些复杂的、无序的东西干扰，才不会在一些自己无能为力的事情上做无用功。顺应天命的人，通常会把生活看得很通透，凡事都恪守本分，不会自寻烦恼。

《道德经》中写道："人法地，地法天，天法道，道法自然。"人生在世就应该遵循自然之道，遇事不刻意、不强求，顺其自然，遵循事物的客观规律，不要将自己的主观臆测强加到外界事物之上，这样才能在一个和谐的环境中发展和成长。

◎ 有时候，放弃比努力更重要

甲、乙两人各自接下了一个项目，由于工作难度很大，两人努力奋斗了好几个月都没有任何起色。不久之后，甲选择退出自己的项目，他认为自己没有能力继续推进这个项目，再做下去只会让自己深陷泥潭，白白浪费更多的时间、精力和资本。别人都替他可惜，毕竟已经在项目中投入了那么多精力，如今选择放弃，实在有些不值。对此甲看得很开，他认为这个项目既然不具备继续执行的条件，还不如尽早放弃。

相比之下，乙虽然同样没有什么把握完成项目，但他不愿意承认自己的判断出了问题，明知道项目很难完成，仍旧选择强撑下去。

一年之后，甲找到了新的项目，而乙仍旧在之前的项目上挣扎，不仅毫无进展，而且白白投入了几百万元的成本。

在评价甲、乙两个人的时候，人们往往会产生不同的看法：有的人认为甲是一个懂得变通的人，遇到难以解决的问题时，能够及时止损，选择其他的道路和目标；而有的人则认为甲是一个缺乏韧性和毅力的人，遇事容易退缩。相比之下，他们赞成乙的做法，认为乙是一个不屈不挠的人，无论遇到什么困难，都会坚持到底。

在日常生活中，人们也经常会遭遇甲和乙的情况，这时候，人们应该如何去做选择呢？其实，外界对甲、乙的评价各有各的道理，不过在谈到一个人的"努力"和"坚持"是不是合理时，必须弄清楚他的"坚持"到底值不值得，也就是说，还有没有坚持的必要。

如果明知道一件事做不好，还要坚持做下去，那么所做的努力就会变成一种无意义的浪费。或者，做好这件事付出的代价太大，那么自己付出的努力一样会失去意义。一个人的努力应该是有界限的，这种界限不仅仅是能力上的界限，还要学会算一笔经济账，算一下最终的结果和回报是否对得起之前的努力。

人们在赞扬努力和坚持时，很多时候并没有将其同个人的能力、最终的回报联系起来。单纯赞扬个人的努力并没有太大的意义，毕竟在很多时候，提前放弃比继续努力更有价值。

比如，有些家长希望孩子努力学习，考上重点大学，但是孩子的文化课成绩并不理想，离考上重点大学还有很大一段距离，家长只好不断让孩子补课，不断强迫孩子看书。这不仅浪费了大量的金钱、精力，还给孩子带来很大的压力。而那些开明的父母会尊重孩子的努力和选择，也懂得尊重事实，他们会根据孩子的兴趣爱好或者特长，制订新的学习计划。

如果孩子美术功底好,就让他学习美术;如果孩子喜欢音乐,就让他重点从这一方面寻求突破。

又如,一些企业准备研发新技术,不惜花费几年时间,投入巨大的人力、物力和财力,结果所研发出来的技术和产品只能创造微薄的收益,这明显不符合企业发展的需求。

如果这家企业在一开始就能够评估收益,及时放弃这个研发项目,选择其他更为合理的项目,反而可以获得可观的收益。这种情况下,企业一开始的放弃就显得非常必要。

需要注意的是,当一个人在困境中依然选择继续努力的时候,可能并不是因为对自己所做的事情有所期待,也不是担心自己会被人当作一个内心脆弱的人,而是对沉没成本的眷恋。

沉没成本效应是一个经济学概念,是指人们为了避免损失带来的负面情绪而沉溺于过去的付出中,而之前的付出与当前的决策没有任何关系。

假设一个人打算开一家超市,可是在租下店铺并完成装修之后,突然发现开超市的风险太大、盈利太低,还不如跟朋友一起包工程。这时候,他产生了退出和放弃的想法,但之前支付的租金和装修费用高达70万元,这笔钱是实实在在花出去的,无论他选择继续开超市,还是选择包工程,这70万元都不会回来。可以说,这70万元就是沉没成本。

人们在做决定的时候,往往会受到沉没成本的影响。比如这个人虽然认为跟朋友包工程更有前途,但他或许更舍不得已经花出去的70万元。在他看来,如果现在放弃,那么这70万元就完全浪费了。这时候,他或许就不会考虑其他的选择,哪怕明知道开超市会面临亏损,也会硬着头皮坚持下去。

沉没成本对个人的决策往往会起到很大的影响，干扰个人的理性思维，推动人们继续在错误的方向和道路上坚持下去。很多时候，人们在明知自己的选择不合理时，还要继续坚持下去，就是被沉没成本深度捆绑了。只有那些内心简单、通透的人，不易受沉没成本的影响，对事物的发展做出理性判断。

无论是个人还是企业，都需要明白一个基本的道理：努力并不是盲目地付出，更不是不计成本地投入，一旦努力失去了价值，那还不如选择放弃。放弃并不意味着临阵退缩，也不意味着缺乏毅力和耐力。放弃是为了减少更多不必要的损失，同时也是为了寻求具有更高价值的目标。

所以，当人们真的坚持不下去的时候，不要对自己进行各种情绪、情感捆绑，不妨尝试换一条道路，换一种活法。

当我们在坚持中感到挣扎和痛苦时，不妨认真想一想自己是否还有继续坚持的必要，是否还有更好的选择。

当我们意识到自己的努力无法创造预期的收益时，应该想办法及时止损。

当我们付出了极大的努力，却仍然无法看清未来的形势时，应该静下心来重新思考当初的决策是否合理。

我们需要转变思维，要认识到无论是坚持还是放弃，最终不过是一种决策。坚持是为了有所得，放弃是为了防止失去更多。真正懂得放弃的人，往往拥有更大的勇气，拥有更强大的理性思维，也拥有更广阔的视野和出色的战略目光。他们能够更合理地进行资源配置，最终获取更多、更高的价值。

人生在世，没有必要活得太累，也没有必要活得太复杂，凡事想得简单一些，值得努力的就去努力，不值得努力的就提前放弃，这才是确保人生更加顺畅、更加高效、更加有价值的合理做法。

　　生活本身有多种可能，这一条路走不通的话，不妨换一条路，换一个方向，或许就可以进入一个更广阔的天地。

◎ 顺势而为，契合大环境

  2003年以后，国内电商开始快速发展，2007~2010年期间，电商进一步成熟。到了2011年~2016年这段时期，电子商务从电脑端往智能手机无线端转变，消费场景的智能化、娱乐性化极大地推动了电商的发展，电商业务迎来这爆发式增长。也正是从这一阶段开始，线上营销变得更加受欢迎，而与之相对应的就是线下的生意受到很大的打击，很多经营线下门店的商家面临营销的困境，杭州的王女士就是其中之一。杭州市电商最发达的地区，以阿里巴巴为首的电商平台极大地推动了杭州电商业务的发展，同时也极大地损害了线下门店的业务发展。

  王女士当时拥有三家门店，巅峰期的月营业额突破了30万元，可是随着电商的快速发展，进店购物的人越来越少，三家店面的月营业额直接下降为6万元左右，扣除房租和人工费，基本上还要亏钱，王女士的压力越来越大。

想要解决这个困境，唯一的办法就是转型，可是王女士此前没有接触过电商，而且认为电商购物根本无法给消费者带来购物的乐趣，还会欺骗消费者，因此她自己并不喜欢网上购物。加上年纪偏大，关于网上开店的流程和操作，也不是很清楚，以至于她一直无法下定决心。

由于营业额越来越低，王女士只能关掉其中的两家店，可是剩下的一家店，生意仍旧没什么起色，赚到的钱基本上交了房租。这个时候，看着身边有很多人都开始转型开网店，她只能跟随大流，在淘宝上开了一家网店。为了掌握开网店的方法，她还特意参加了网店培训班，学习开网店的技巧和网络营销的方法。

结果，在开网店的第一年时间里，王女士就慢慢适应了这种新的营销方式，虽然营业额并不算高，但是由于省去了店租费和人工费，王女士的收益比之前还要高不少。为此，她慢慢喜欢上了开网店，并且产生了在其他电商平台开店的想法。

在谈到生活和工作时，环境往往是一个不容被忽视的要素，很多人对于自己的生活环境和工作环境非常挑剔。

当一个人觉得自己的生活环境不太理想，或者对生活环境颇有怨言的时候，就想拥有更理想的环境。此时他们可以选择两种方式。

一种是逃避式的策略，简单来说，就是直接换一个地方生活，选择一个新环境。对绝大多数人来说，更换生活环境或者工作环境并不容易，毕竟个人的生活和工作都与周边的环境有着千丝万缕的联系，换地方的成本太高，这是多数人都不能承受的。

另一种方法就是选择改变环境，利用自己的影响力和能力，对外界的环境施加强大的影响力，努力改变周围环境，确保所有的人和事都可以按照预期的想法运行。这种方法往往更难。环境可以影响一个人、改变一个人，而普通人想要改变环境基本上不太可能。环境的变化往往不以人的意志为转移，也不会因为某个人就发生根本性的改变，个人对环境施加的影响往往非常有限。

既然更换环境和改变环境都会面临巨大的阻力，那么最简单的方式，就是主动迎合和适应当前的环境。当自己逐渐融入环境中时，自然就不会受到环境的负面影响，就能够在自己的生活空间内保持一种乐观向上的心态。

想要主动迎合和适应环境，想要让自己融入环境，往往需要调整心态，建立起更加正确的认知。

比如，我们需要意识到每一个人都是有"弹性"的，在任何环境中都有一定的适应能力。所以在很多时候并不是环境的问题，更多的是个人能不能适应的问题，而我们要做的就是提升自己的适应能力。

这种提升可以慢慢推进，给自己一个逐步适应的过程，先从一些小事情或者小细节做起，适当做出妥协，一点点去了解那些自己不喜欢或者看不惯的人和事，然后从点到线、从线到面，逐步拓展自己与环境的接触面。

又如，人们在主动适应环境的时候，应该反复询问自己这样几个问题：为什么别人能适应，自己就无法适应？为什么别人在这样的环境中都可以开开心心，自己却没有办法做到呢？为什么大家的生活和工作并没有受到什么影响，自己的生活就会受到干扰呢？

在一个看起来不太理想的环境中，我们不要总是关注那些负面的新闻和消息，不要总是和那些同样爱抱怨的人在一起。我们需要去挖掘那些让人感到欣慰的内容，挖掘一些正面的、积极的素材，同时更应该听一听那些发出正向评价的声音，弄清楚为什么会有人喜欢这种环境，为什么有人能够坚持以乐观的心态面对。

比如，最近几年，国内外的经济都不是很景气，整体上进入下行通道，其中一些行业的发展更是惨不忍睹。但只要细心观察就会发现，即使是在最糟糕的行业中，也依然会有发展得非常不错的企业。这些企业和其他同行一样，也感受到了行业的寒意，也受到了大环境不景气带来的负面影响，但不同的是，这些企业的管理者选择主动适应环境，然后想办法寻找绝佳的发展机会。

对企业家来说，真正要做的不是怨天尤人，而是积极主动地向那些适应能力强的同行学习。

需要注意的是，迎合环境、适应环境并不意味着凡事都漠不关心，或者消极应付，也不意味着同流合污。

在一个糟糕的环境中，我们要做的不是让自己和环境中的其他人一样，而是要实现自己与环境的平衡，确保个人的愿景、志向、目标可以实现，适当做出妥协和调整，包括行为模式、认知模式的适度改变。

这种调整和改变有助于我们更好地利用环境中的资源和能量，有助于减轻发展阻力，并为自己的成长提供更多的保障。

如果仔细进行观察和分析，就会发现，生活中那些优秀的人往往具备自我调整的能力。当环境发生变化，当生活空间不再像过去那样顺遂的时候，他们不会怨天尤人，不会总是想着和周围的环境对抗，而是懂得以退为进，先尝试着让自己去适应环境的变化，找到与周围环境相互融合的突破口，确保自己不会遭受更大的压力和阻力。

所以，当我们总是幻想着改变环境的时候，不妨先试着改变自己，并通过这种改变来提升自己在环境中的影响力。

人们应该懂得顺势而为，主动适应周边环境，为输出自身价值以及放大自身影响力而打好基础。

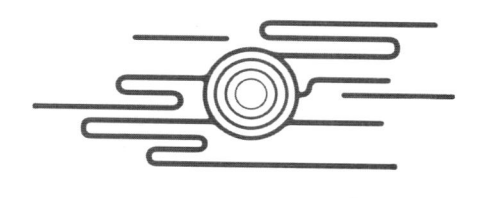

第 2 章

做正确的事，
这就是生活的准则

◎ 选择正确的方向，有时候比努力更重要

> 2005年，甲、乙、丙三人分别拿到100万元的资金进行创业。甲用这笔钱承包了一片土地用于中草药种植；乙用这笔钱成立了一家加工公司，每年有一定的收益；丙把这笔钱投资给了一家互联网公司，开始进行股票投资。
>
> 十几年后，甲依靠着中草药项目，将100万元变成了700万元。乙的加工公司的发展越来越不景气，连年亏损，尽管他非常努力，并将大部分时间用在这家公司上，但公司最终还是陷入困境，几年之后就倒闭了。丙由于把握住了互联网发展的趋势，他投资的互联网公司，市值在十几年内翻了300倍，手里的股票从100万元变成了3亿元。

在这三个人当中，乙的收益是最低的，但不能说他不勤奋、不努力。从某种意义上来说，乙在工作中的付出是最多的，在工作中投入的精力和

时间也是最多的。但勤奋、努力并不等同于财富，付出努力的人不一定可以获得预期的效果。这个世界上，很多人每天都在自己的岗位上努力，都在用全部的力气活下去，但他们中的大部分人可能仍旧生活在社会的最底层，他们很努力，但是并没有因此变得更有钱，让自己生活得更好。

多数人的生活哲学仍旧停留在"努力可以带来成功"这一思维层面，可是从现实发展情况来看，努力本身是需要先决条件来发挥作用的，合理的选择就是其中之一。

一瓶水很努力地推销自己，但是如果它选择待在小卖部里，那么它的价值就永远只有2元钱；如果它选择进入高档娱乐场所，就会跃升到10元的咖位上。做人也是如此，人们对于平台的选择，对于行业和岗位的选择，对于发展方向的选择，很多时候比单纯的努力更重要。

合理的选择可以带来更高的价值，可以带来更大的发展空间和更快的成长速度，而这些往往不是努力就可以轻松解决的问题。

在过去，当一个孩子学习成绩不太理想的时候，很多人会将原因归结为不够努力，却没有想过，如果孩子选择了错误的学习方法，即便他再努力，也难以取得好成绩。

当一个人工资比较低的时候，大家一般会觉得一定是这个人工作时偷懒、不努力，所以才没能像其他人那样成功。但真正的问题可能在于他选择的行业或工作岗位不好。在一个发展潜力不高的行业中，员工无论怎么努力，都不可能获得好的发展机会。

人们经常会提出一些很有趣的假设：将乔布斯或者马斯克安排在富士康的流水线上工作，他们还能获得成功吗？从工作的角度来说，乔布斯或者马斯克都是非常勤奋的人，每天都要将大量时间投入到工作中，因此他们或许会成为流水线上最勤奋、最出色的工人。此外，他们两人很有头脑，或许会想办法改进流水线的生产进度，但无论怎样，他们的价值都会被自己的工作岗位束缚。

假设一个普通的工人月收入5000元，乔布斯或者马斯克或许可以拿到6000元的工资，或者他们可以依赖自己的头脑成为管理人员，成为月薪12000元的中高收入者，但是几乎无法成为身家千亿的大富豪，也无法创造出一个万亿元级别的商业帝国。

小米创始人雷军说过："站在风口上，猪都会飞。"想要起飞，最重要的不是想着如何努力扇动翅膀，而是先想办法找到风口。成功者往往不会过分迷信努力的力量，他们更看重选择。努力的确很有必要，但是毫无头绪的努力不可取，没有正确方向指引的努力本身也没有多少价值。

那些真正通透的人，不会把时间和精力浪费在不合理的努力上，他们会选择更加高效、更为便捷的方法提升自己。

当别人想着如何通过加班加点完成工作、提升收益的时候，他们考虑的是哪些行业和平台可以放大自己的价值。所以富人看重的是方向，穷人看重的是努力；成功者看重的是选择，失败者只会在无意义的努力中继续挣扎；聪明人寻找更合理的机会，愚笨的人只会在一个机会上使用蛮力。

事实上，每一个人的人生都是由无数次选择构成的。无论是上学、工作、创业还是择偶、结交朋友，都需要做出合理的选择，人生就是依靠这些选择来推进的。如果学校或者班级选得不好，个人的教育质量肯定会受到影响；如果工作选择不合理，个人的事业就会受到限制；如果选择的配偶不好，个人的婚姻就会遭遇更多的挫折；如果交友不慎，人际关系往往会非常糟糕，甚至会给自己的生活和事业带来严重的影响。

所以，真正了解生活的人，会认真对待每一次选择，尽量做出周详的分析和考量，确保自己的选择不会出现问题。

如果我们回顾自己的人生，就会发现，多数时候真正影响我们成长轨迹和发展状态的因素并不是自己不够努力，也不是自己不够坚持，而恰恰是决策上的失误。

如果对自己一生中最重要的发展轨迹进行描绘，绘制一个简单的决策树，就可以更加清晰地知道自己在什么地方做得不好，有哪些地方做出了不合理的选择。

迈克尔·雷教授在《成功是道选择题：斯坦福大学人生规划课》中谈到了成功的秘诀，他认为一个人的成功是选择出来的，人们选择什么样的奋斗目标、选择和谁结婚、选择和谁一起合作，甚至选择什么样的对手，这些直接决定了一个人一生的成败。从个人发展的本质来说，努力并不是决定性的因素，努力的人虽然值得尊重，但盲目努力并不值得提倡。

选择上的偏差和错误，是无法通过努力抹平的，所以我们需要积极转变思维，从一开始就强化做决策、做选择的能力，努力提升自己对机会的判断和把握能力。

◎ 不值得去做的事情，就不要做

伦纳德·伯恩斯坦是一名乐队指挥家，在世界范围内都有一定的名气。可事实上，他最喜欢做的事情是作曲，在作曲方面的天赋也比乐队指挥要高。

有一次，纽约爱乐乐团的指挥发现伯恩斯坦在指挥方面拥有不错的天赋，于是直接推荐他为纽约爱乐乐团常任指挥。伯恩斯坦认为自己的最大天赋还是作曲，但是他并没有勇气拒绝对方提供的机会，而是接下了指挥的职务。

虽然在之后的几十年时间里，伯恩斯坦在乐队指挥方面取得了一定的成就，但是他却感到非常痛苦。一方面，乐队指挥并不是他喜欢的工作；另一方面，他在作曲方面或许可以取得更大的成就，却被乐队指挥工作给耽误了。

伯恩斯坦曾经向朋友诉苦，认为指挥和作曲相比真的不值一提，如果让他重新选择，一定会拒绝乐队指挥的工作，

> 全身心投入到作曲中。但他最终也没有改变自己的选择，只能郁郁而终。

许多人都为伯恩斯坦感到可惜，如果伯恩斯坦当初有勇气拒绝纽约爱乐乐团指挥的职务，认准作曲事业并一直坚持下去，那么他也许就不会有这样的遗憾，他的一生可能会更加辉煌，生活也会更加开心。可是人生没有如果，伯恩斯坦的问题在于，他在明知道自己不喜欢做指挥、更喜欢作曲的时候，仍旧选择了妥协。

在生活中，我们常常会遭遇伯恩斯坦这样的困境：一方面是自己喜爱的工作，另一方面则是待遇更高的工作，理想与现实的冲突让人陷入挣扎和痛苦当中。

在现实需求面前，可能很多人都会违背内心真实的想法。在解决这类问题时，往往很难做出一个评判：到底怎样的选择才是合理的？

对多数人来说，如果因为自己的选择结果而感到痛苦，那么就没有必要把事情看得太复杂，只需要遵循内心的想法，判断这个选择值不值得做。如果不值得做，那么无论会带来什么收益，都不要做，这样就可以将自己的决策进行简化处理。

在心理学中，有一个"不值得定律"：当一个人认为某一件事不值得做的时候，他在做这件事的时候就会敷衍了事，即便最后获得了成功也不会有多大的成就感。

王先生是一个出色的投资人，投资过很多好的项目，许多人都觉得王先生投资眼光好，运气也不错，总是可以找到好的投资项目。面对大家的恭维，王先生谈到了自己的投资原则，其中一条就是"不值得投资"的项目坚决不投资。

一般来说，王先生在投资之前会大致做一个评估，比如分析投资标的潜在收益，或者依靠直觉做出判断。他通常会忽略那些自己毫无兴趣，或者第一印象就不好的项目，只要觉得不值得自己去投资，就会果断放弃。

有人给王先生算过一笔账，认为王先生选择的项目中，也并非每次都是好的，而且他也错过了几个不错的项目。

王先生承认自己也有看走眼的时候，但是他认为正是因为坚持"不值得定律"，才使得他多年来都可以按照自己的原则投资，在那些自认为值得投资的项目上挣得盆满钵满。

那些坚守"不值得定律"的人常常被认为缺乏变通，但或许正是因为一直坚持"不值得做的事情，不值得做好"的理念，他们才能够有效规避风险，也才可以集中时间和精力做自己想要做的事，将能量集中在那些真正值得做的重要事情上。他们看起来过于主观，但对于生活和工作的认知绝对比其他人更加简单、通透。

不值得定律往往会影响个人的工作状态。如果对这个定律进行延伸，那么人们在做出选择的时候，如果认定某一件事不值得做，最好的方法就是不去做这件事，从一开始就选择放弃。不过，这种不值得做的心理并不是建立在利益或者效益精细化考量的基础上的，而是出于内心的抉择，所谓值不值得更多的是一种内心的感觉。

比如很多明星完全可以通过直播带货挣钱，或者参加一些综艺节目积累财富，但是不少人却不愿意这样做，而是选择用作品说话，选择通过在舞台和荧幕上的演出来证明自己。对他们而言，直播带货挣钱根本不值得考虑，所以他们就不会纠结于直播带货能够挣多少钱，也不会纠结参加综艺节目可以增加多大的曝光率。

由此可见，在使用这个定律的时候，重要的不是如何计算利益的大小，而是需要倾听内心，顺从内心最真实的想法。

如果一件事让自己不舒服，觉得这件事让自己陷入了痛苦和挣扎，或者在直觉上厌恶做这件事，那么就没有必要耗费精力去做了。

所以做人有时候还是应该简单一些，抛掉那些复杂的计算和评估，按照内心的判断去做。不值得做的事情不要做，不值得结交的人不要浪费时间结交，不值得考虑的事情就不用花费精力去思考。因为即便自己压制内心的委屈去做，也很难竭尽全力去追求完美的结果，反而会让自己背负巨大的精神压力，陷入挣扎之中。

◎ 定期复盘自己，及时改进

大家熟知数学中的"角"。角是由两条拥有公共端点的射线组成的，两条射线上的点随着射线的延长，距离也越来越远，而越是靠近公共端点，两个点之间的距离越近。如果将角的概念延伸到生活中，就会发现人生很多时候也是如此。

公共端点就是人生的起点，角就是人生的误差，一开始偏差看起来可能很小，可是一旦人们沿着错误的道路越走越远，错误就会不断被放大，最终的结果也会距离原定目标越来越远。

从现实的角度来说，人生不可能一帆风顺，也不可能做到毫无偏差。人们在日常生活和工作中往往会出现各种误判，也会做出错误的抉择，所以人们在思考如何规避错误的同时，也应该思考如何纠正错误。事实上，这里所说的纠正错误应该加上一个条件，那就是"定期"，也就是说，在固定的时间和阶段及时纠错，而这种纠错往往离不开复盘。

复盘是心理学、管理学领域中的一种常用纠错手段，甚至还可以作为一种预防手段来使用。比如在企业中，员工每完成一件事、一个项目，或者一个流程时，就需要及时回顾自己的执行过程，看看自己在哪些环节上出了问题，哪些地方做得还不够合理，找出那些存在的问题，然后及时解决，消除潜在的隐患。

个人在执行任务或者完成某项工作的时候，也可以对项目进行复盘，回顾自己的工作流程，看看自己还可以在哪些方面进行改进和完善。

相比等到错误累积到一定程度才着手解决，定期复盘就像是一个矫正器，可以分阶段进行纠错，及时调整方向，减少偏差，确保整个流程保持在正确的轨道上。

春秋时期的思想家曾子说过："吾日三省吾身。"他每天都要多次自我反省，反省自己这一天有什么地方做得不好，是不是尽心尽力为别人做事，是不是真诚善待自己的朋友，是不是用心复习了老师布置的功课。他一直都在严格约束和要求自己，确保自己的行为不会产生负面影响。

有个老教师退休前告诫新上任的教师：一定要记得每隔一段时间总结和反省一次。新教师有些不解，认为自己只要做好年终总结就可以了，没有必要那么频繁地进行复盘。老教师说："如果你每天都对自己的教育理念、教学方法进行回顾和总结，就可以在第二天的教学活动中得到提升。如果今天没有反省和总结，那么明天的工作强度就会更大一些，犯的错误也会更多一些。如果明天也不知道反省，错误只会越来越多，教学难度也会越来越大。一旦你准备一年总结一次，那么这些问题就会严重影响你的教学质量，那些错误也会累积到难以纠正的地步。"

著名的哲学家、数学家笛卡尔曾说过："自我反思是一切思想的源头，人是在思考自己而不是在思考他人的过程中产生了智慧。不难看出，自我反省对于人的自我更新与发展的重要性。"

在他看来，经常自我反省的人能够不断强化自己的思想，精进自己的能力，完善自己的方案。

《精进：如何成为一个很厉害的人》这本书中提到了复盘对于个人成长和发展的重要性。书中提出了一个观点：很多人都觉得，一个人只要在某一件事上投入10000个小时，就可以将工作做到极致，成为专家级别的人物。可是一个人如果只是埋头做事，而不懂得复盘和总结，那么即便他花了10000个小时，也难以成为该领域内的专家。因为一个人的成长和突破并不是依靠10000个小时的机械堆积，而是需要不断总结工作过程中的经验教训。人们需要依赖这些总结指导自己的行为。

在工作中，许多人觉得很累，觉得自己无法应付工作，很大一部分原因在于他们没有及时复盘和总结，所以他们工作经验的积累速度很慢，技术进步和更新也很慢。有时候相同的错误会重复犯几次，一些简单的流程也会漏洞百出，这样就导致自己的工作常常会因为一些老问题而受到干扰。而那些经常对工作进行复盘的人，往往可以更加轻松地完成工作，他们的经验更加丰富，工作流程更加完善，工作方法更加高效合理。

人们经常觉得复盘很麻烦，会浪费大量时间，认为与其花费时间和精力复盘，还不如集中精力继续完成工作。但这些人没有意识到这样一个问题：人们的经验、技术、认知是需要不断在复盘中打磨的。不复盘的话，人们永远不知道自己什么地方做错了，也永远不清楚应该如何提升自己。

有人说过，人生90%以上的错误和痛苦都是自己造成的，而消除这些错误和痛苦就需要从自己入手，做好自我审视、自我监督、自我反省、自我改进的工作，确保自己可以及时发现问题、解决问题，然后真正提升自我。

正因为如此，人们在面对生活时，不能盲目求快，而要注重稳定性，坚持定期进行自我反省、定期复盘。复盘的周期可以因人而异，并与自身的实际情况结合起来。比如有的人适合每天复盘，有的人适合一个星期复盘一次；有的工作需要每天复盘，有的工作可以依据项目完成的阶段进行复盘。定期复盘，确保自己可以掌控全程。

此外，复盘的时候，一定要确保自己处于安静的状态，然后认真回顾自己的经历和相应的办事流程；复盘的时候需要重点关注那些关键的行为、重要的环节和决定性的决策，以提升复盘的效率。

◎ 自律是少犯错的重要保证

　　万达董事长王健林一生中曾多次面临破产的风险，但每一次都化险为夷，实现转型。很多人认为这是因为他运气好，也有人认为他拥有非常敏锐的市场感知能力，可以提前做出预判。事实上，一个人的运气再好，预判能力再出色，也有可能出现失误。王健林纵横商场多年，真正让他保持常胜的秘诀在于自律。

　　了解王健林的人都知道，王健林是一个非常自律的企业家，非常在意自己的一言一行。对于那些容易干扰自己工作的行为，他都会进行严格控制，绝对不会纵容自己做出错误的行为和不合理的决策。在他看来，一个人如果严于律己，就会减少很多麻烦，自己的生活和工作也就可以有条不紊地进行。

拿作息时间来说，为了更早地投入工作，王健林每天会在早上6点之前起床，跑步一个小时后，他会在7点10分左右准时出现在办公室里，然后开始一天的工作。

许多人认为他完全没有必要每天都这样做，也不用每天都那么勤奋、努力，可是王健林认为一旦自己随意破坏作息规律，就可能会改变自己的工作习惯和思维模式，就会降低自己的意志力，这时候就容易放松警惕。那下一次，就可能会纵容自己放弃更大的原则。

正因为如此，王健林很少犯错，总是可以保持正确的工作模式和工作节奏。这样的状态足以帮助他轻松应对各种状况，也有效提升了工作效率。

有些人常常会感叹自己的生活不如意，感慨自己的生活一片混乱，其实生活的混乱往往是不自律造成的。由于个人对自己的行为缺乏足够的约束力，对自身行为所产生的后果缺乏明确的认知，他们可能会纵容自己做一些不合理的事情。

这些事情或许一开始并没有太大的危害性，但是随着个人约束力和意志力的下降，可能会犯下更大的错误。

相比之下，如果一个人足够自律的话，就可以有效保障自己的工作状态，有效保证自己的行为模式。他会严格按照预先设定的路线和方法前进，并且不会轻易受到外界因素的干扰。

在很多时候，自律的人可以轻松掌控全局，确保自己的生活和工作有条不紊地推进，人们几乎很难见到他陷入混乱的状态。

如果对那些自律的人进行观察，就会发现他们的生活简单有序，而且没有太多外在的干扰。他们的生活目标和人生目标都很明确，也不会轻易陷入挣扎之中。

为什么自律的人能在驾驭生活方面如此得心应手呢？原因就在于自律的核心因素就是意志力，而意志力则与个人的感性思维、理性思维息息相关。

著名心理学家弗洛伊德曾经提出一个名为"马与骑手"的理论[1]，他认为人类的冲动和激情就是马，它代表了人类最原始的欲望，充满了激情，但非常冲动鲁莽，想到什么就去做什么，喜欢什么就去做什么，而且一旦遇到不顺心的事情就会消极应对，轻易妥协和放弃。

严格来说，马会因为难以抵挡欲望的冲击而成为麻烦的制造者。相比之下，骑手代表了理性，骑手要做的就是控制住马，不让它任性妄为。自律能力很差的人，往往无法控制内心的那匹马，最终任由它捣乱；而自律意识突出的人，内心住着一个合格的骑手，可以确保马保持安静，他们的生活和工作会变得更加规律、轻松。

如果对自律进行拓展和延伸，就会发现自律的养成涉及多方面的内容。自律有五个基本的支柱：认同事实、意志力、面对困难、勤奋及坚持不懈。

"认同事实"强调的是自我认知、现实认知、社会认知，知道自己应该做什么，不应该做什么；适合做什么，不适合做什么；能够做到什么，无法做到什么。在面对一件事的时候，自律的人可以在第一时间做出判断，

---

[1] 出自译林出版社2018年出版的《精神分析新论》。

并约束自己的行为，不给自己制造麻烦。

"意志力"强调个人的执行能力。当自律的人制订某个计划，或者想要做某件事时，就会要求自己完成相应的工作，绝对不会拖延，即便外界的诱惑和干扰很大，也能够严格按照计划顺利完成任务。

意志力强大的人会督促自己采取正确的行动，不需要任何外在力量推动，也可以自动完成任务。

"面对困难"强调的是个人应对困难和接受挑战的信心。自律的人主动迎接困难，而不是逃避。他们敢于挑战困难，不会任由困难制造麻烦，更不会被轻易吓倒。

"勤奋"主要是指个人在工作中的积极性。自律的人愿意付出更大的努力去完成自己应该完成的工作，他们会在正确的方向上竭尽全力，从而更快地实现目标。

"坚持不懈"则是强调个人维持工作状态的能力和决心。自律的人拥有强大的抗压能力，而且能够持续输出自己的激情。

通过这五个基本支柱，我们可以发现，想要提升一个人的自律意识，需要从以下五个方面入手。

一是**强化自己的认知**，遇事要分析值不值得去做、应不应该去做。

二是**培养自己的意志力**，要求自己完成计划内的事情，加强自身训练。

三是**勇敢接受各类挑战**，给自己制定一些更高的目标，推动自己不断进步，提高自己的信心。

四是**培养自己低调务实的工作态度**，督促自己花费更多的时间和精力做事。

五是**强化自己的抗压能力**，遇到挫折时，要不断激励和鼓舞自己坚持下去，强化自己的毅力和耐力。

需要注意的是，想让自己更加自律，需要从小事做起，从小细节抓起，确保自己可以在细微处保持自己的原则。

在小事情上都能保持自我克制和约束的人，在关乎全局的大事上也能保持清醒的头脑和绝对的理性。

◎ 在最恰当的时机做最正确的事

中国人做事讲究天时、地利、人和，想要把一件事情做对，做得更加出色，做得更加轻松简单，往往需要把握这三个基本要素。

"天时"一般指有利于做某事的气候条件，也指有利于做某事的时代背景，比如是否能够获得政策支持，是否能够享受到时代发展的红利。"地利"是做一件事时具体的环境，也可以是潜在的资源供应。"人和"则代表执行者的能力，包括执行者个人的能力及合作伙伴所能提供的帮助。相比于"天时"，"地利"和"人和"往往是客观存在且被人知晓的，可以说这两个要素是相对容易确定的。

某个企业家想要购买一家优秀企业的部分股权，那么我们就可以从天时、地利、人和三方面来分析。

在地利方面，这家优秀的企业就在本地，自己也比较了解，操作起来比较方便。

人和方面则包括两点。第一，这家标的公司的老总和企业家比较熟，他非常乐意将公司的部分股份出售给企业家。第二，这个企业家手里的运作资金还不够，但他可以从朋友那儿获得一笔融资，从而解决资金问题。

那么眼下最大的问题就是天时，即购买股权的时机。企业家希望购买这家公司的部分股权，但是购买的时机往往决定了购买成本的高低。

假设这家公司目前的股价为30元每股，那么想要购买预期的股份，企业家大约要支付5.7亿元的资金，可是一旦这家公司的股价下跌到20元每股，他所支付的费用将变成3.8亿元。这个企业家一直在观望，就是在等企业股价出现波动。考虑到企业的股价持续下跌，他有信心等到股价跌到20元每股时再入手。

在做事的时候，时机往往是最容易被人忽视的一个要素。许多人认为，自己要做一件事，现在做是做，等到明天做也是做，为什么不趁早去做呢？

持有这种想法的人，往往忽略了一点，那就是事物始终是变化、发展的，同样一个东西在不同的时期所呈现的状态是不一样的。只有选择一个最恰当的时机去做，才能以最小的代价实现最大的收益，才能以稳妥的方式规避最大的风险。所以真正能做事、会做事的人，不仅会选择做什么，还会选择在什么时候去做，他们非常注重对时机的把握，而且对时机的掌控非常精确。

如果对人的一生进行分析，就会发现每个人的人生都不可避免地面临时机选择的问题：什么时候去上学，什么时候表白，什么时候辞职，什么时候买房子，什么时候创业，什么时候结婚……

我们在人生的每一个关键节点和重要事项上，都需要做出选择。只不过有的人稀里糊涂就做了选择，结果弄得一地鸡毛，生活处处不如意；而有的人善于分析和等待，经常会在最佳的时机做出选择，确保自己可以达到预期目的。

即便是在一些小事情上，我们也需要择机而动，而不是鲁莽地采取行动。比如，某人想去拜访一个重要的客户，如果不讲究时机的话，就会直接开车前往对方的公司或者家里，然后冒昧地敲开对方的房门。事情似乎很顺利，但对方有可能会表现得很不高兴，因为对方有可能正在参加一个重要的会议，有可能正在享受难得的假期，有可能正在因为一些不好的事情发脾气。

在一个不合适的时间点拜访客户，可能会引发对方极大的不满，那么原本简单的事情就会变得复杂，拜访者不得不花费更多的时间和精力来弥补自己的过失。相反，如果拜访者在拜访之前先了解对方的日常安排和生活习惯，就可以选择在对方相对空闲且心情愉快的时候前往，这时候的拜访就可以做到事半功倍。

对时机的把握通常是基于对外部局势的预判和掌控，我们需要预测什么时候会发生什么事情，什么时候外部环境最有利于自己行动，什么时候最有助于个人能力的发挥。

这种预测并不是毫无根据的，预测者需要对事情的发展规律有着清晰的认识，对事情的发展态势有着精准的把握，同时将其和自己的能力输出模式紧密结合起来。

美国趋势专家丹尼尔·平克曾出版过一本《时机管理》，里面重点阐述了"何时做"的问题。丹尼尔·平克举了一些简单的例子，比如很多人参加考试，有时候可以选择上午参加考试或者下午参加考试。

两种选择看起来似乎没什么不同，但是心理学家发现，上午参加考试的人，分数往往会更高一些。因为人在上午的时候，头脑更加清醒。不过人们也不能将所有的考试都安排在上午，因为随着时间的推移，越是接近中午，大脑越容易疲倦。如果将好几场考试都安排在上午，那就会产生不良影响。

丹尼尔·平克又谈到了个人制订计划并执行计划的问题：很多人会选择在新年的第一天执行自己的学习计划、写作计划或者健身计划，因为这一天往往意味着新的开始，人们会在内心产生一种"开启新生活"的冲动，内心获得的动力更足，做事也更有激情。

也有一些人会在生日、结婚纪念日等重要日子执行计划，这些日子可以赋予行动不一样的含义，同时也可以起到提醒和督促的作用。如果随便找一个普通的日子开启自己的计划，人们的专注度和持久度都会有明显的下降。

丹尼尔·平克从日常生活中的小事出发，谈到了时机管理的重要性与科学性，他在某种程度上提醒了人们如何管理和提升生活的效率。无论是时机的预测和把握，还是所谓的时机管理，都应该成为日常管理中的基础事项。

人们在面对那些能够对自己的生活和工作产生影响的大小事件时，需要保持理性，运用科学的手段，将自己与事物的发展、大趋势的变化结合起来分析，找到解决问题最简单、最方便且效率最高的方法。

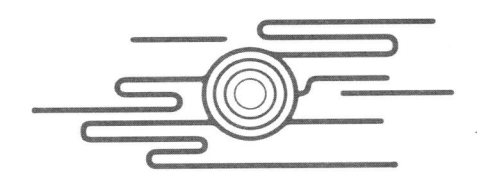

第 3 章

简化工作方式，
　拒绝复杂化

◎ 缩减不必要的内容，提升效率

在谈到做人要内心简单的话题时，很多人的第一印象就是要保持平和的、淡然的良好心态，凡事保持积极乐观，凡事不斤斤计较，一切顺其自然，不要被太多的外界事物困住。

事实上，保持一颗简单的心，往往可以通过外在的形式展现出来。比如一个追求简单的人，往往会追求做事方法的简单，追求行为模式的简化，在面对生活和工作中的大小事务时，想办法将复杂的问题简化，消除不必要的事物。这种简化会减少很多麻烦，消除很多不必要的矛盾，从而帮助人们释放心理压力，更好地保障内心的平和。

如果对那些内心平和、通透的人进行分析，就会发现他们对外界事物并不是完全意义上的毫不关心，也不是真的无欲无求，而是不会将精力浪费在那些毫无意义的事情上，不会被一些低价值的东西所影响。

相比提升自身的思想境界，他们会使用一些简化的方式来过滤和削减那些容易给生活制造麻烦的东西，以确保自己的生活更有条理、更有针对性，也更高效。

很多时候，一些人的生活之所以会陷入复杂状态，根本原因在于这些人从内心深处就倾向于复杂化的模式。在他们看来，复杂化代表了更丰富的元素，代表了更加合理的流程，也代表了更高的层次和更高的价值。正因为如此，他们在设计和规划自己的生活时，会设计出更复杂的方案和系统，比如更复杂的道路系统、更多功能的产品。可是从实际的应用来看，越是复杂的系统，就越容易制造麻烦，这些麻烦又会产生更多需要解决的问题。

以企业管理为例。为了完善公司内部的管理，许多企业家会设计更多层级的组织结构。他们主观地认为层级越清晰、越多，管理就可以做得越精细。董事长直接向总经理下达指令，总经理再向各个部门的经理传达上级的指示，然后各部门经理接着往下分配相应的工作。层级越多，分工越细，大家的职责也就越清晰。

表面上看是如此，但在实际的操作中，层级越多，流程越复杂，管理的难度就越大，效率也就越低。因为层级和流程太多会导致沟通效率变差，会导致内部腐败问题更严重，还会导致执行力下降。层级多的企业更容易出现"大企业病"，流程更长、更复杂的项目则更容易出现"低效结果""无效结果"。一旦管理越来越复杂，工作越来越低效，各种问题、压力就会接踵而至，从而增加管理者和执行者的烦恼。

14世纪逻辑学家、圣方济各会修士奥卡姆的威廉在他的《箴言书注》中说："切勿浪费较多东西去做用较少的东西同样可以做好的事情。"为此，他提出了一个定律：如无必要，勿增实体。这就是著名的"奥卡姆剃刀定律"。这个定律的核心理念就是，人们在做事的时候，像剃刀一样去除那些不必要的内容或者没有必要存在的组织，以达到精简的状态。

奥卡姆剃刀定律在日常生活中具有很强的指导性，它不仅要求人们在形式上、内容上做出简化，还要求人们在思想上必须追求简单的境界。因为个人的行为本身就是内心的反映，一个人追求复杂的工作方法，追求繁冗的流程，本身就表明他内心的封闭和混乱。

> 　　某跨国公司董事长碰到了一个经营难题。他发现自己下达的指令经常要好几天才能传达到基层员工那里，而且传达的信息明显减少和扭曲了，甚至一些计划在落实的过程中完全背离了自己的初衷。他不明白究竟是哪个环节出现了问题。
> 　　为了弄清楚信息流传的整个流程，他派人对公司的组织结构进行了检查，结果发现了两个比较严重的问题。
> 　　首先是公司内部的组织结构非常臃肿，管理层级划分得太细、太多，以至于一个指令下达之后，需要层层往下走，而那么多的层级难免会影响沟通效率。
> 　　其次，公司内部的信息传递机制存在漏洞。当董事长下达指令或者推行某个计划之后，每一个层级的管理者都会花费大量时间对来自上一层级的信息进行过度解读，结果导致信息扭曲和信息流失越来越严重。
> 　　发现问题之后，董事长认为公司想要提升效率，就需要进行组织结构改革，将原本多层级的、臃肿的组织结构，转化为扁平化的结构模型，尽可能压缩层级，消除公司高层与基层员工之间的信息传播障碍。
> 　　为此，他授权相关部门进行整改，将各个部门往扁平化

> 方向发展。不仅如此,他还直接在基层员工和高层管理者之间开辟了专用的信息通道,避免重要的信息被延迟。
>
> 经过整改,短短几个月的时间,公司内部的沟通效率得到了很大的提升。

生活本来就是简单的、清晰的,只不过很多时候为了过度解释、美化生活,人们需要借助更多、更复杂的东西来装饰它,以及更多的内容来丰富它。但这些复杂和过度的装饰只会让生活更加臃肿、更加低效。

以请客吃饭为例。假设我们需要请一个好朋友吃顿便饭,这件事的核心要素就是吃饭,这个计划很容易执行。可是在现实生活中,大家往往会把吃饭这件事复杂化处理。我们会执着于在哪里吃饭、吃点什么、明天吃饭还是后天吃饭、还需要叫上谁一起吃饭、吃饭时要送点什么东西给朋友、准备聊点什么、准备穿什么衣服、准备坐什么车去……

经过一系列的包装,我们发现原本简简单单的一件事,居然变得如此复杂和烦琐,不得不为此花费更多的精力来应对。

类似的事件在生活和工作中举不胜举。

无论是做事还是做人,无论是下达指令还是负责执行,人们都习惯于把一个简单的内核包装成各种复杂的场景,却不知这种包装有时候只是自寻烦恼,增加自己的负担而已。

其实,心简单了,做事的方法才能简单。真正内心通透的人,能够一眼把握住生活的真相。他们能够主动去除生活中多余的装饰，从纷繁复杂的内容中挖掘出最核心的要素，构建一种简化的行为模式，确保生活可以回归它本来的样子。

◎ 坚持第一原理，回归本源

许多人认为，内心简单、通透，应该是一种纯粹的主观感知，即"我认为这无关紧要，它就是无关紧要的""我认为世界是这个样子，世界就是这个样子的""我把事情想简单了，生活也就通透了"。但是从个人精神和思想的成长来看，内心的简单、通透并不完全是主观思想的一种表现，它往往离不开个人对世界最真实、最有效的感悟。比如内心通透的人，他们往往真正看透了世界的本质，正因为他们可以了解到最根本的东西，才能不受太多外在因素的干扰，从根本上把握生活。

想要了解一个事物或者了解某一件事，我们需要弄清楚应该从什么角度进行分析，需要把握什么样的内在逻辑，然后透过事物的表象，去除外在的各种迷惑和干扰，真正抓住事物的本质。从效果上来说，最简单有效的方法就是分解，即把一件事分解成最基本的系统、最基本的要素。大道至简，一切的道理最终都是通向简单的，越是简单的东西，越能够反映出事物发展的本质，也最能够呈现出事物发展的规律。将事物分解成最简单的要素，无疑可以更好地了解事物发展的规律及事件发生的密码。

从科学的角度来说，任何事物都是由最简单的要素组成的。只不过这些要素会按照不同的方式进行组合，也会在彼此之间产生相互作用，从而构建各种不同类型的复杂事物。而把事物分解成最基本的要素和最基本的系统，有助于人们从源头寻找关键信息。

这就是所谓的"第一原理"。"第一原理"一词最早是由古希腊哲学家亚里士多德在两千多年前提出来的。他认为理解一门学科的最佳方式是将其分解为最基本的原则，以此来简化知识系统，方便人们接收和掌握相关知识。之后有很多哲学家、企业家、科学家将这一理论发扬光大，形成了独具特色的简化方法。

按照第一原理，人们想要解决问题，往往可以先制定一个解决复杂问题的基本框架，这个基本框架包含了三个基本的步骤。

以新能源汽车和锂电池为例。早在新能源电车研发初期，很多人都认为新能源汽车不过是一个噱头，因为锂电池的成本很高，它会直接将汽车价格拉升到绝大多数消费者都无法承受的高位上，高成本将直接导致新能源汽车产业难以做大、做强，更别说动摇传统汽车行业了。

这看起来是一个很麻烦的大问题，那么该如何解决这些麻烦呢？这时候就可以制定一个基本的框架进行分析。首先企业家可以将锂电池太贵作为一个基本的问题来分析，并且假设电池的价格在未来也会居高不下。这就是第一步，即确定问题，并进行假设。

在确定问题及其假设之后，企业家可以开始展开第二步，那就是将这些问题分解成基本事实。比如，锂电池的成本很高，而造成高成本的原因在于材料的成本高，所以企业家需要先花时间分析电池的材料和成分，然后对每一种材料及其成本进行调研，了解它们的市场价格。比如，电池中钴、镍、铝、碳的价格分别是多少，用于分离的聚合物和密封罐的市场价格是多少。接着必须对这些材料进行细化处理，去伦敦金属交易所之类的地方购买这些材料，弄清楚每件东西的具体成本（基本上是指材料最低的价格）。

当所有的原材料价格明确之后，企业家就可以进行简单的计算，得出电池组的大概价格，然后将其与市场上的电池组价格进行对比。对比后就会发现，自己寻找原材料组装电池，所花费的成本远远低于购买电池组的花销。

之后，企业家就可以进入第三个步骤，那就是用基本事实谋划新航向。简单来说，就是将电池所需的材料全部收集起来，然后通过技术手段将所有的材料组装在一起，打造一款兼顾高效能和低价位的电池组，确保新能源汽车的研发成本更低。

通过这三个步骤，企业家就解决了新能源汽车研发成本太高的问题。

以上方法就是特斯拉创始人埃隆·马斯克的撒手锏。在新能源汽车市场上，特斯拉具有强大的竞争力，而且它的成本控制最好，汽车的利润最高。当很多新能源造车新势力都在为如何开拓市场、如何让市场接受高价位的产品烦恼时，埃隆·马斯克却始终表现得风轻云淡，完全没有为产品的成本发愁，原因就在于马斯克在锂电池组、汽车零件制造、工厂建设成本等方面都采用了这个原理。

由此可见，一个活得通透的人，不仅拥有豁达的心胸、出色的视野，往往还有着丰富的人生经历和成熟的思维方式。他看问题、想问题、解决问题都要高人一筹，懂得如何拨开层层云雾，挖掘世界的本质。

第一原理的思想方式是用哲学的眼光看待世界。人们在解决问题之前，先一层层拨开事物表象，争取看到本质，再从本质一层层往上走，寻找最合理的解决方法。运用这个原理，可以直接挖掘事物的本质，更加通透地理解生活。

很多人之所以把世界看得太复杂，之所以难以平心静气地分析问题，就是因为他们看人看事往往停留在生活表象，对于生活中出现的难题、混乱，无法透过问题发现本质。

无论是国家大事，还是家庭小事，或者是工作中的各种事情，都存在这些问题。而解决的方法就是想办法让事情回到原点，让复杂的工作回到原点。就像拆毛线球一样，只有顺着线头不断往下走，才能成功将毛线拆开。

一般来说，想要成功运用第一原理，遇事就不能慌张，也不要急着做出判断，而应该尝试着确定问题，然后针对这个问题多问几个为什么。按照层层追问、层层挖掘、层层分解的原则，不断往下寻求答案，直到不能继续分解为止。

◎ 坚守二八法则，重点关注那些重要事件

在日常生活中，很多人的生活都是一团糟，甚至陷入"越忙越乱，越乱越忙"的尴尬境地。他们会发现自己总有做不完的工作，而且每一项工作都让自己身心俱疲，更重要的是，自己付出那么多时间和精力，结果还是难以达到预期的目标。对这些人做事的状态和结果进行分析，就可以看出他们的工作已经陷入复杂和低效的状态，一些原本可以简单解决的问题，可能会越来越乱、越来越难。

复杂与低效是生活中很常见的两个现象。有的人认为复杂的原因在于自己面临着更多的难题，困难多了，问题也就复杂了；低效则是因为自己的时间不够，根本无法做好那么多工作，只能盲目加快速度。可是从现实角度来看，即便是面对一些易于解决的问题，人们也很容易陷入僵局。

为什么会如此呢？原因有两个：一是事情太多，分散了太多的精力；二是做事无序，导致乱中出错，越乱越忙。

比如，很多人在安排一天的工作时，明显缺乏合理的规划，不知道什么该做、什么不该做，什么应该尽早去做、什么可以延迟去做，遇到什么事情就做什么事情，想到什么事情就做什么事情。

事情是做不完的，我们越是纠结于要做点什么，要把遇到的事情全都

做好，就越是容易落入陷阱，最终忙碌劳累一天，什么成果也没有。

想要避免落入复杂化的陷阱，就一定要想办法保证自己的工作方式合理、高效，而最简单、最直接的方法就是把握那些关键的、重要的、高价值的工作。因为这些工作往往具有最大化的价值，它们可以影响和推动事物的发展，并且对个人的发展所起的作用最大。

1897年，意大利经济学者帕累托提出了著名的"二八法则"，他发现这个世界上80%的财富掌握在20%的人手里。之后人们发现这个定律几乎涵盖了社会生活的方方面面：20%最重要的工作决定了个人的价值，20%的关键因素决定了事物的发展。从本质上来说，这个法则揭示了社会运作和社会发展的基本规律，人们只需要按照规律办事即可，没有必要把事情弄得太复杂。

按照这个法则，人们在处理种类繁多的工作时，不需要挨个去完成，只需找出那些最关键、最重要，对项目影响最大的工作就可以。占少数的这20%就是重点，是需要人们重点把握的东西，至于其他一些不太重要甚至无关紧要的工作，如果时间不够的话，就不要去触碰。

不过在生活中几乎随处可见的二八法则，并不是真的要按照20%：80%的比例来操作。不同的人、不同的事情，会有不同的分配及比例。但无论如何，最重要的是把握重点，将那些最重要的信息、最关键的环节、最重要的要素把握住，确保效益最大化。

著名的管理咨询公司麦肯锡公司曾提出一个重要的概念：关键驱动因素。所谓"关键驱动因素"是指任何事物的发展都是由那些关键因素推动的，这些关键因素往往决定了事物的本质和发展规律，也决定了事物发展的模式。

按照这个理念，人们在生活和工作中，没有必要把握所有的发展因素，而是应该想办法找出那些决定事物发展的关键因素,确保自己的工作更加顺利、更加高效。

> 小张在银行入职半年后,经常为烦琐复杂的工作感到头疼。尽管他每天花费10个小时来维护客户关系,但依然收效甚微,每个月的存款额与贷款额都少得可怜。为此,他对自己的能力产生了怀疑。
>
> 他向同事诉苦之后,同事微微一笑,直接向他分享了自己的工作经验和方法:那就是懂得选择客户。由于银行的客户非常多,工作非常烦琐,而且几乎永远做不完,那些没有经验的员工,往往会挨个查询每一个开户的客户,然后针对性地提供各种咨询,推销自己的产品和服务。可这样做只会人为地制造出一个大工程,实施的效果并不好,时间和精力也耗费巨大。想要解决这些问题,职员需要花费时间研究那些大客户,毕竟这部分人存款最多,贷款额度往往也最大,对职员个人的绩效和银行的收益以及发展的影响也最大。只要重点维护好这些大客户,就可以有效地提升自己的收益。
>
> 听了同事的建议之后,小张茅塞顿开,很快将自己的工作模式进行了大调整:搜集大客户的信息和资料,然后制订合理的工作方案。几个月之后,小张负责管理的存款业务和贷款业务得到了明显的改善。

二八法则是一个非常实用的方法，为人们解决问题提供了一种简单的策略。二八法则可以帮助执行者避免"什么都要做，什么都做不好"的低效状态，有效减少复杂化、烦琐化。它可以在形式上、方法上解放人们的劳动力，也可以从思想上解放人们的思维模式。

真正掌握二八法则的人，对于人生的规划往往更加简单、清晰，他们不会被各种各样的物质所诱惑。比如，他们只看重少数重要项目的收益，而不是盲目贪多；他们只看重少数重要的机会，对于其他项目的成败毫不关心；他们会重点结交少数高价值的人，而不会把时间浪费在无意义的社交活动中。

人生有时候不需要过得那么忙碌，人生所得也不需要那么多，只需要把握住少数影响个人生活的关键事物就行了。做自己最想做的事，结交自己最想结交的人，实现自己最想实现的目标，这就足够了。

生活的价值往往是依靠那些少数的关键因素实现的，只要抓住了人生中对自己最重要的20%，生活就可以过得很精彩，也很有价值。

◎ 团结协作，实现合理分工

想要人生过得更加通透，最基本的一点，就是行为必须符合社会的规律和规则。

从社会学的角度来说，这个世界之所以能运转的本质就是合作，因为每一个人在社会生活中都不是孤立存在的，没有谁可以真正脱离社会而单独生活，整个社会依靠各种社会关系来运作。在这些社会关系中，合作是主流，合作催生出了合理的分工，大家各司其职，共同实现推动社会发展的大目标。

就像面包一样，面包的制作似乎很简单，不过人们或许并没有认真想过，面包的原材料是小麦，因此制作面包需要种植小麦，还需要生产机器将小麦磨成面粉，然后需要鸡蛋和牛奶来作为配料，因此还要养鸡、养牛，而这些又引出一个问题：养鸡、养牛都需要饲料和场地。当所有材料备齐后，还需要一个烤箱，因此必须生产烤箱……只要延展开来就会发现，即便是制作面包这样一件简单的事，也需要调动大量的社会资源来配合，而做好这些，一个人是难以完成的。

可以说，协作分工是社会的一种基本且健康的形态。只要按照这种形态来规划自己的人生，就可以契合社会发展的需求，为自己带来更大的发展空间，创造更多的价值。相反，如果一个人缺乏协作意识，以自我为中心，崇尚单打独斗，大事小事一把抓，那么他就违背了社会运作的规则，而他的生活和工作很容易陷入混乱和低效的状态。

比如在提到诸葛亮的时候，许多人都会被他的智慧、谋略、忠诚、勤奋打动。毋庸置疑，作为一个管理者，诸葛亮确实做得非常出色，但诸葛亮身上同样存在一些明显的缺点，其中最明显的一个就是事必躬亲，导致工作效率低下，甚至做出误判。

要知道，事必躬亲的工作态度虽然很好，但不够聪明，也不够合理。因为一个人的能力再强大，也无法完成所有的工作。个人的时间、精力、能力都是有限的，总有一些工作是自己不擅长的，总有一些工作是自己无能为力的，大包大揽只会导致自己陷入挣扎甚至困境中。

这就是为什么诸葛亮的后半生基本上都是在劳累和忧虑中度过的，而且他在后期犯了几次严重的错误，包括用人不当、战略失误、刑罚过于严苛等。这些失误无疑加速了蜀汉的灭亡。

严格来说，诸葛亮是一个战略家、政治家，他的优势在于制定国家发展的基本战略和基本方针，但是在其他事务上，他并不是真正的专业人员，无论是用人识人、行军打仗，还是执行律法，他都不那么擅长。最合理的做法应该是将这些工作交给其他更专业的人去做。

在日常生活和工作中，许多人都会犯下诸葛亮这样的错误，什么事情都想要自己完成，什么工作都想要自己去做。尤其是面对一些不擅长的工作时，更是坚持自己动手，结果常常将自己的生活和工作弄得一团糟，生活节奏完全被打乱，自己也因为各种各样的琐事和困难而陷入痛苦挣扎的状态。

这是一种过度干涉生活的典型现象，干涉者并没有给自己设置一个界限，他们的想法很简单，就是尽可能地深入社会生活的各个方面，无论是自己应该做的，还是不应该做的，无论是自己有能力做的，还是没有能力做的，都会想办法去做。

这种干涉往往是盲目的、不理性的，干涉的人并没有清晰的自我认知，也没有想过自己的干涉行为会打破事物发展的规则，打破自己与社会之间原有的平衡关系。

从现实的角度分析，一个人无法做好所有的事，总有一些事情是自己不擅长的，一个人也没有足够的精力做好所有的事。

什么事情都要自己去做，结果很可能是什么都做不好。很多人经常感叹生活太难、工作太复杂，为什么他们会有这样的感叹呢？原因就在于他们在日常生活和工作中不仅背负着自己能够背负的东西，还常常背负着自己无法承受的东西，并且深陷其中。想要真正摆脱压力，不要总是想着如何通过自身的努力来解决问题，不妨把问题想得更简单一些：既然自己做不好这件事，为什么不让能做好的人去做呢？

做人应该有格局，要跳出自己的眼界去看世界，不要总是觉得自己可以轻易掌控一切，也不要总是用局限的眼光来规划自己的生活。想要让自己活得更加轻松，就要懂得放下，放下那些自己无法承受的东西，放下那些不应该自己承受的压力，主动寻求帮助，构建一个分工体系，或者融入社会分工体系中。

心理学家认为，人们想要获得成长，最重要的是充分发挥自己的优势，然后提升自己的优势，再通过合作分工来弥补自己的劣势。扬长避短就是提升个人竞争力，降低生存压力，简化生存模式。

因此，不要总是想着什么都由自己完成，只需将注意力放在自己擅长的事情上，坚持做一些体现核心竞争力的事，至于其他的工作，完全可以交给有能力的人去做，这样就可以将复杂的工作简化成可控的部分和流程。

◎ 每次只做一件事，只追求一个目标

> 法国哲学家布里丹豢养了一头可爱的小毛驴。为了照顾好小毛驴，布里丹每天早上都会从附近的农民那儿购买一堆新鲜的草料。有一天早上，当布里丹再次购买了一堆草料后，农民为了感谢他多年来在生意上的照顾，于是非常慷慨地赠送了另外一堆草料。
>
> 照理说，小毛驴有了两堆新鲜的草料，一定吃得很开心、很尽兴。可事实完全相反，平时习惯了吃一堆草料的小毛驴，对新增加的草料产生了兴趣，它开始在两堆草料前走来走去，不知道应该吃哪一堆。由于拿不定主意，它连续几天都没有进食，最终在徘徊和犹豫中活活饿死了。

这就是著名的布里丹毛驴效应。这种效应主要是说，人们在面对两个或者两个以上的目标时，往往会分散注意力，最终反而什么事情也做不好。

在现实生活中，人们也常常在不经意间成为"布里丹的小毛驴"：为了增加自己做事的成功率，一次性选择做两件事，或者一次性制定好几个目标。

按照他们的理解，做一件事成功的希望不大，但如果同时做好几件事，那么总有一件事会获得成功，总有一个目标可以顺利实现，而且做得越多，自己获得的东西肯定也会越多。但他们同样忽略了一点：人的时间和精力是有限的，人的注意力也是有限的。事情越多、目标越多，个人的注意力越分散，获得成功的概率越低，最终将陷入"做得越多，失败越多"的困境。

一次制定多个目标，本质上是因为贪婪：希望自己可以花费最少的时间，获得最大化的收益。这种贪婪会迷惑人们的理性思维，也会扰乱人们对生活的合理安排。

那些内心通透、不受外界干扰的人，往往更加专注，他们会将大量的大脑资源专注在某一件事上，这时候，大脑也就没有更多的精力去接触其他事情了。如果心神不定，总是想着多管齐下，那么大脑的资源和精力就会不断被分散，而分散就容易导致失控。

此外，大脑还有着一套稳定的工作机制，它是按照秩序来运行的。当人们专注于某一件事或者某一个目标的时候，大脑可以按照事先安排好的顺序去思考和分析，而一旦同时追求几个目标，原有的秩序就会被打乱，从而造成混乱。

还有一点，当一个人面对压力的时候，大脑往往会做出消极反应，压力太大的话，大脑就会"罢工"，什么都不去想，从而影响思考的流畅性。为了确保思考可以回归正常水平，大脑会不断地将资源分配到思考的事情上，这时候就会更容易感到疲惫，做事的效率自然也不高。

正因为如此，我们在做事的时候需要保持专注，避免在不同的目标上分心。

> 日本和欧洲诸国都是燃油汽车的制造大国，双方生产的汽车各有优劣，不过在很长一段时间内，日本公司在制造生产汽车时拥有一个巨大的优势，那就是效率。日本公司生产的汽车比欧洲公司造一辆车所花时间要少很多，而且汽车的问题也更少。
>
> 之所以会出现这样的情况，原因就在于日本公司要求所有人将注意力放在一件事情上，而欧洲公司则主张一次性解决所有的问题。比如，在整个汽车制造流水线上，一旦员工发现自己的工作中出了某个问题，就有权直接叫停整个流水线，让所有的工人等着他把问题解决，然后再启动流水线。这样做的好处在于能够立即解决当前的问题，同时还能够警示其他人在工作中保持谨慎，反而可以减少流水线上的失误。
>
> 而欧洲公司一贯的做法是，流水线有问题了先搁置，等到一辆车走完所有的流程，再派专人检查，一旦车子的产量与问题增加，就会出现一个问题：大家搞不清楚应该先解决哪些问题，或者干脆一次性解决多个问题，而这样无疑会导致资源的分散，影响解决问题的效率和效果。正因为如此，日本公司依靠着"一次只解决一个问题"以及"一次就把问题解决"的策略，提升了汽车制造的效率。

每次只做一件事，每次集中精力解决一个问题，每次只尽力实现一个目标，这是做好事情的基本原则之一。为了确保办事的效率和效能，我们需要对自己拥有的资源进行合理分配和利用，无论是人力资源、技术资源、资本、原材料、时间，还是精力，都要合理分配。而一次只做一件事就是为了确保相关资源可以集中在一起发挥出最大的价值，如果盲目分散开来，就难以产生好的效果。

那么如何才能保持专注，确保自己能够做到一次只做一件事，一次只追求一个目标呢？

首先，规划做事的顺序，先做什么、后做什么，先实现什么目标、后实现什么目标。在一件事没有做完，或者没有完成阶段性任务之前，不要去做其他的事，更不要同时做两件或者两件以上的事情。

其次，改变自己的思维，不要以为多就是好，不要认为多就意味着概率更大。求多不如求精，与其把精力同时分散在几件事情上，还不如集中在自己当前最需要解决的那一件事情上。做人要懂得放弃，避免被贪婪之心误导。

再次，懂得切断外界的干扰。当我们专注在某一件事或者某一个目标上时，对于外界的诱惑要保持淡然的心态，主动忽视和屏蔽外界的干扰，这样才能保持专注做事的状态。遭遇干扰时，也要及时调整心态，重新进入专注状态，避免受到更大的影响。

最后，培养自己的耐心。在一件事情没有完成之前，要集中精力坚持下去，直到事情顺利完成为止。

总的来说，解决问题最好、最简单的方法就是坚持每次只做一件事，坚持每次只把握住一个目标、一个焦点，这是释放压力、降低风险、提高效率的基本法则。

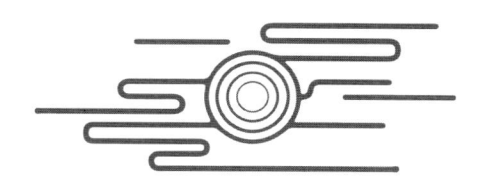

第 4 章

简单通透的人生，需要给自己减负

◎ 抛却过多的欲望，让内心保持宁静

欲望是人性中最根本、最原始的能量，正是因为拥有各种各样的欲望，人们才会不断进取、不断奋斗、不断创造。

从某种意义上来说，个人的成长和发展就是依靠欲望来推动的，而无数人的欲望又推动了社会的进步。人有了照明的欲望，才会发明电灯；有了飞行的欲望，才会发明飞机；有了征服宇宙的欲望，才会发明宇宙飞船。

不过，对个人而言，欲望虽然会带来成长和奋斗的动力，但过多的欲望却会造成负面影响。

有个旅行者一路向东，路上遇到什么好玩、好看的东西，都会捡起来放进自己的行囊里。别人对他的旅行生活羡慕不已，他却说："这样的生活好是好，就是越走越累。"

这时候，有人提醒他："你每到一个地方，就会停下来收集好东西。见到美丽的花草、好看的石头、稀奇古怪的玩意儿，就不断往行囊里装。你装的东西越来越多，自然也就感到越

来越累了。"

旅行者恍然大悟，于是坦然舍弃了行囊里的东西，继续上路。

著名哲学家尼采说过："一切烦恼皆来源于过多的欲望。"他认为，人们的行为常常受到欲望的鼓动和支配，一旦人们心甘情愿地被欲望蛊惑，烦恼也就接踵而至。

首先，欲望往往会令人过度透支自己。当人们产生某种欲望的时候，就会调动自己的精力和资源去满足。当欲望得到满足之后，新的欲望又会产生，这个过程循环不断，人们只能不断去榨取自己的资源。但任何人的时间、精力、资金、健康都是有限的，一旦这些资源被欲望透支，个人也就陷入了困境。

以消费为例。假设一个人喜欢一件1500元的名牌衣服，考虑到自己每个月的收入并不多，还要偿还房贷，所以对他而言，购买这件衣服有些吃力。可是为了满足自己的虚荣心，他还是咬咬牙买下了这件衣服。

不久之后，他发现自己的鞋子有些旧了，为了更好地搭配衣服，于是他只好忍痛花费几千元买了一双皮鞋。

过了几个月，他又看中了一款新上市的钱包，得知价格为1万元时，他有些犹豫，可是想到自己的卡里还有一部分备用的存款，所以还是拿下了这款新钱包。

在那之后，他的虚荣心越来越强烈，日常开销也越来越大，什么都要讲品牌，什么都要用最好的。可是他的收入根本支撑不起这样大的花销，仅一年时间，他就把自己的存款全部花完了，还欠了银行5万元。之后，过度透支的他，生活越来越拮据，甚至因为信用卡借贷逾期不还而被银行拉入黑名单。

欲望往往是一个无底洞，一旦人们被它支配，受它蛊惑，就会越陷越深，将自己完全榨干，最终使自己的生活支离破碎。

其次，欲望是不断成长和膨胀的，越来越大的欲望，往往意味着越来越大的困难。小欲望可以获得满足，但是大的欲望很可能会超越个人的能力范畴。就像有人花几百元买双鞋子或许问题不大，但是花费几千元买一部名牌手机就可能会对个人的生活造成影响。一旦欲望继续增加，想要购买几十万元的豪车与几百万元的豪宅，这个人就可能陷入求而不得的苦恼中。

由于能力与欲望不匹配（这种不匹配迟早会出现，因为欲望的膨胀速度远远大于个人能力的增长速度），人们就会产生诸多烦恼，然后想办法挑战自己做不到的事情，直至将自己推入万劫不复的绝境之中。

最后，欲望往往是感性的、原始的、冲动的，大多数人的欲望都停留在肤浅的物质层面上。也就是说，多数人都容易受到物质生活的蛊惑，他们会因为这些诱惑而丧失工作的乐趣，失去进取之心。相比如何创造更高的价值，如何推动自己继续进步，他们或许更喜欢及时行乐，更希望享受物质生活带来的美妙感受。当一个人只想着如何满足自己欲望的时候，他的人生就很容易深陷泥潭。

正因为如此，我们在寻求进步和成长时，要适当克制欲望，尤其要注意克制一些低级欲望，不要被太多的物质生活所诱惑。

其实能够平心静气地看待生活，就会发现生活往往不需要太多外在的包装，吃能填饱肚子的饭菜，睡可以解乏的床，住能够遮风避雨的房子，穿可以御寒保暖的衣服，就能够维持最基本的生活了。或许还可以适当增加一些生活的趣味，但没有必要让太多的欲望干扰自己对生活的体验。

那么，我们应该如何克制欲望，抵御欲望的侵袭和诱惑呢？

第一，无论追求什么目标，都要确保其在自己的能力范围之内，这样做就可以保证自己不会在一些不切实际的东西上浪费精力，更不会因为得不到而烦恼。从一开始，我们就要有自知之明，并且对自己的行为做出明确规范。

第二，凡事要注意适可而止，要懂得知足和感恩，不要过分贪婪。为了提升自己的自律性，可以给自己设定一个欲望小目标，只要实现了这个小目标，就及时止步。克制自己的欲望，不要让内心再起波澜。

第三，改变自己的思维模式，不要将物质生活的丰富当成生活幸福、人生成功的唯一标准。不要总是想着如何丰富自己的物质生活，很多时候应该专注于丰富自己的精神世界，更多地提升自己的内在美。比如，平时可以多读书，接受文化知识的熏陶，也可以多思考和冥想，净化自己的内心，保持内在的清净。只有以淡定的心态来看待生活，才能弱化欲望对内心的诱惑力。

老子说："五色令人目盲，五音令人耳聋，五味令人口爽，驰骋畋猎令人心发狂，难得之货令人行妨。"

意思是说，缤纷的色彩使人眼花缭乱，嘈杂的声音使人听觉不灵敏，丰盛的食物使人对味道不敏感，打猎游乐使人放荡发狂，稀有的奢侈品使人堕落。

一个人越贪婪，欲望越多，就活得越累，个人要承受的风险也越多。

每一个人的生活都有它本来的容量，一旦任由欲望膨胀，超出了容量，个人就不得不承受与能力不相称的压力和负担，这些压力和负担最终会压垮自己。

所以，人们需要提升内心的境界，改变物质化、世俗化的思维模式，避免被欲望绑架自己的生活。

◎ 不要沉迷于攀比，努力做自己

《增广贤文》中写道："别人骑马我骑驴，仔细思量我不如，等我回头看，还有挑脚汉。"

大意是说，人们在骑驴的时候，往往会羡慕那些骑马的人，并且为自己比不上人家而感到苦恼，此时不妨回头看一看身后，要知道后面还有很多辛苦的挑夫负重前行，相比他们，骑着毛驴上路已经是非常好了。

这种现象在生活中比较常见。人们常常会在一些外在形式和内容上与他人进行比较，并且还倾向于与那些比自己更好的人进行比较，这就是社会中常见的现象——攀比。

攀比是一种非常常见的行为，当两个人同样在做一件事时，就可能会出现相互比较的事情。比如，当某人看到朋友购买了一辆汽车后，他就会想办法买一辆同等价位甚至更好的汽车；当某人发现同事都穿着名牌服装的时候，他就会想办法买一件更好的将他们比下去。

喜欢攀比的人，往往喜欢参照别人的生活和行为，想尽办法确保自己不比别人过得差。

心理学家认为，攀比心理是一个人自卑的表现，当一个人沉迷于攀比行为时，表明他对自身能力缺乏信心，不满意自己的所得。

为了隐藏自己的自卑心理，他会想尽办法与他人进行比较，通过这种比较来满足自己的虚荣心，并且认为这是提升自信心的重要方法。但事实上，攀比是一种畸形的心理模式，只会让自己深陷泥潭。

喜欢攀比的人往往会逐步迷失自我。他们会失去生活的重心，没有具体的奋斗目标，只能活在别人的影子里，总是想着成为别人。

沉迷于攀比的人往往又过分看重物质生活，在他们眼里，财富、社会地位、物质享受就是人生的一切，为了拥有它们，他们可能会不择手段，铤而走险。也正因为如此，喜欢攀比的人往往人际关系比较糟糕，他们不懂得如何与他人交流，也很容易在社交场合中伤害他人的感情。

《牛津格言集》中有一句话："如果我们仅仅想要获得幸福，那很容易实现。但我们希望比别人更幸福，就会感到很难实现，因为我们对于别人幸福的想象总是超过实际情形。"

喜欢攀比的人表面上是为了让自己看上去更加幸福，为了让自己活得更加充实和高级，但实际上，由于认知的偏差，他们的生活往往只会越来越糟糕。

小李发现自己的一个朋友买了一辆新车，心里非常羡慕。在这之后，他连续好几天都睡不好觉，担心自己会被朋友看不起，于是就和妻子商量着买辆更好的车。

妻子拗不过他，于是两人就拿出积蓄买了豪车。

买了豪车之后，小李觉得自己的生活完全不一样了。无论去哪里，大家都会投来羡慕的眼光，他觉得自己的腰杆子直了很多，说话也更有底气了。

可是没过多久，他的朋友又花200万元在市区买了一套房子，这让小李觉得很不满。眼看着对方就这样搬进本地的富人区，而自己还住在普通小区里；对方的孩子进入本市最好的学校，而自家的孩子仍在普通的学校上学，他的心里很不是滋味。

不久之后，小李拿出所有的积蓄，然后从亲戚那儿借了几十万元凑了首付，在本地最好的小区贷款买了一套价值230万元的房子。就在他憧憬着未来的美好生活时，本地的房地产行情急转直下，大量投资客开始抛售房产，导致房价大跌60%，他的房子也难以幸免，挂牌价直接跌到120万元。

此时的小李后悔不已，更是为接下来的高额房贷感到担忧。

有人说，攀比是一剂毒药，喜欢攀比的人，只是获得了暂时的快乐，很快他们会陷入新的失衡状态，为新的目标感到忧虑、不满和忌妒，由此陷入恶性循环之中。其实，每个人都有自己的特点和特长，每个人都可以拥有自己的舞台，为什么非要和别人比较呢？

攀比心理不过是一个畸形的欲望制造工厂，虽然可以通过暂时的刺激填满内心的空虚，但攀比心往往没有止境，也没有具体的体量。

人们攀比的内容只会越来越多，所期待的欲望只会越来越大，最终制造出各种各样的烦恼。

　　正因为如此，我们需要及时控制自己，消除攀比心理，不被攀比心理控制。那么，该如何做呢？

　　首先，改变物质生活至上的想法，不要觉得一个人的成功就是身份、地位、财富的提升，也不要因此鼓动自己去追求这些外在的形式。与其绞尽脑汁与他人在一些低层次的、物化的层面上进行比较，倒不如想办法提升个人的价值，将自身价值提到更高的层次上，这样不仅可以有效提升自信心，而且可以提升自己的思想境界。

　　其次，看一个人不能片面，要从全局来评价，不要因为他人身上的某些闪光点，就认为对方很成功，就想和对方比一比。没有任何人是完美的，对方在呈现自身的优点时，往往隐藏了自身的缺点。所以在与他人对比之前，不妨先看看对方身上的缺点，通过这种方式来强化自我认知。

　　当我们面对比自己更加出色和优秀的人时，要明白这不过是因为不同的人处于不同的人生阶段，自己没有必要为现阶段的落后而感到尴尬和不满，更不要因此心生忌妒，反而需要继续保持自信，要相信自己在未来的某一天，或者在接下来的某个阶段，可以达到甚至超过对方的成就。我们可以通过这种思维模式来提升自信心，缓解对比带来的焦虑。

　　再次，我们需要远离制造心理落差的环境，远离那些喜欢攀比的人。因为攀比心理并不是天生的，而是被动熏陶出来的。当一个人周围有很多喜欢炫耀、喜欢相互攀比、喜欢压人一等的人存在时，就难免会受到影响。比如有的人喜欢与人比较，但还没有到攀比的程度，如果长期与那些喜欢攀比的人在一起，就会慢慢受到影响。而那些非常自卑、内心空虚、缺乏精神追求的人，一旦接触攀比盛行的环境，就很容易主动接受攀比心理，主动接触那些喜欢攀比的人，并试图复制他们的行为。攀比行为对他们来说非常重要，他们会将攀比当作行为导向，以此来获得精神上的满足。远离不良环境，可以更好地逃离攀比心带来的负面导向。

最后，我们必须意识到，生活没有固定的格式，每个人都生活在不同的场景中，每个人都应该用自己的标准来定义人生。就像有的人经商，有的人从政，有的人钻研学术，有的人精于艺术，有的人专职体育，有的人擅长农事……每个人都应该依据自身的实际情况和发展优势来确定自己应该做什么，应该以什么为目标，以什么为骄傲。每个人都应该找到最适合自己的标准，并以这样的标准来衡量自己的人生是否成功、是否充实、是否快乐、是否有价值。

总的来说，人们需要跳出攀比的心理陷阱，重新做回自己，努力发挥自己的优势和特长，勇敢活出自己的风格，活出自己的精彩。

◎ 做人做事，最重要的是心安

　　一只母鸡生了一窝鸡蛋，大家都来恭喜它，它给主人生下了那么多鸡蛋，想必主人一定会给予重大的奖赏。母鸡听了很高兴，走路时步子抬得很高。

　　可是过了两天，母鸡就意识到事情的不对劲。它认为自己生下那么多鸡蛋，主人虽然很高兴，但产生了更多的算计，接下来主人一定会拼命让自己多生鸡蛋，给自己制定更繁重的生产任务。这样一来，自己这一辈子也就彻底毁了，直到被主人榨干为止。

　　在这之后，母鸡每天都过得忧心忡忡，担心自己将会成为一只没有尊严的蛋鸡。

　　长时间的焦虑最终影响了母鸡下蛋，在之后几个月的时间里，它竟然一个蛋也下不出来了。此时，母鸡开始慌了，它突然想到：如果一只鸡不会下蛋，就失去了成为蛋鸡的资

> 格，这样的鸡也就没了利用价值，主人很快就会将它杀掉。
>
> 想到这里，母鸡几乎吓出一身冷汗，又开始期盼着能多下几个蛋。可越是这样，它就越是下不了蛋。没过多久，母鸡就在忧虑和恐惧中死去了。

其实在生活中，存在很多这样的"母鸡"，他们每天都活在焦虑和后悔之中。在他们眼中，这个世界是残缺的，生活也是不完美的，而这种残缺和不完美会影响到自己的幸福，会对自己的人生产生很强的破坏力。

正因为如此，他们每做完一件事，想的最多的就是给自己挑刺，担忧有什么地方做得不好，会给自己的生活带来什么麻烦。比如有的人工作做得很出色，也受到了领导的奖励，这本身是一件值得开心的事，但他们在高兴之余，会担心此事引起同事的忌妒，影响自己在公司内的人际关系；担心自己下一次做不到这么好，被领导严厉斥责，还会因为自己这次没能做到更好而耿耿于怀。

又如，有的人找了一份理想的工作，准备过几天就去上班。可是到了正式入职的那一天，他们就会产生担忧：万一这家公司并没有想象中的那么好怎么办？万一市场上还有更适合自己的好公司，此时错过了不是很可惜吗？这么大的公司，万一公司里的人不好相处怎么办？工资这么高，万一公司里的领导喜欢压榨员工的劳动力怎么办……他们会找出各种理由给自己制造忧虑，使得自己还没正式上班就开始打退堂鼓。

"世上本无事，庸人自扰之"，人们所面对的烦恼，大多是自己制造出来的，而制造烦恼的根源就在于多数人缺乏一颗安定、平和的心。

人们总是设想各种各样的意外，将一些低概率的事情放在心上，所以他们总是活在焦虑、懊悔和痛苦之中。成功学大师卡耐基在《人性的优点》一书中说道："你所忧虑的事情中，99%是不会发生的。"真正的麻烦还是来源于内心的不安定。

在社会竞争越来越激烈、生活节奏越来越快的前提下，越来越多的人陷入焦虑和恐慌中。比如2022年和2023年上半年的裁员大潮就严重冲击了人们的神经，无论是美国硅谷的科技巨头还是中国的互联网大厂，都在全球经济下行的趋势下大幅度裁员，这导致悲观的情绪不断蔓延。

许多美国科技公司的工程师承认自己患上了"失业综合征"，每天都在担心自己被裁员，担心自己是不是哪里做得不好惹怒了领导，很多人开始主动加班，开始放弃休假和奖金。

国内同样如此，越来越多的人担心自己会失业，担心自己某一天会突然破产，因此他们对于未来的规划也越来越保守、越来越谨慎。而这种消极的、恐慌的情绪，也严重影响到他们的工作状态和生活节奏。

很多时候，人们会将这种情绪产生的原因归结为社会环境对人的挤压，但更主要的原因还是在于内心的自我调节能力。我们必须学会如何更理性地应对各种危机，同时更要避免自寻烦恼。

首先，要保证内心的平和、安定及清净，遇事不要慌张，不要总是用悲观的心态去做评估，对于没有发生的事情，更不要妄加揣测。无论遇到什么事情，都要认真分析、认真评估，同时保持强大的自信和乐观的态度，避免给自己施加太多的压力。

其次，不要有太大的得失心，凡事要做到问心无愧、顺其自然，只要自己努力去做了，就不要总是执着于得到完美的结果。《小窗幽记》中说：

"宠辱不惊，看庭前花开花落；去留无意，望天上云卷云舒。"做人做事本就应该保持淡然平和的心态，懂得将人生的宠辱得失看得如花开花落那样平常无奇，把人生来来去去、分分合合，看得如舒云漫卷般轻松惬意，不必为人生的得失动心，更不必过分解读人生的得与失。

最后，我们要学会坦然面对生活，无论未来会发生什么，都不要因为害怕而选择逃避，不要因为逃避而持续陷入焦虑之中。

凡事都要勇于面对、勇于接受，保持内心的安定。只有这样，我们才能够更好地掌控生活，不被生活所累。

◎ 保持简约的生活模式

美国作家梭罗早年毕业于哈佛大学,在家乡教了两年的书,一直喜欢创作的他找到爱默生,希望跟着对方学习创作的理念和技巧。为此,他在1841年直接搬到大作家、思想家爱默生的家里,成了爱默生的门徒和助手。在这段时间内,他开始大量写作,创作能力得到了很大的提升。

爱默生是当时的知名人士,有很多人会慕名前来拜访他,或者邀请他参加各种社交活动,梭罗跟在爱默生身边也因此结识了很多社会名人。可是让他感到失望的是,所谓的上流社会和社交生活更多地充斥着攀比、浮华、奢侈和拜金主义,而这些让梭罗感到乏味和困惑,他开始质疑自己是否需要这样的生活。

1845年3月,他向《小妇人》的作者阿尔柯特借了一柄斧头,然后孤身一人,跑进了无人居住的瓦尔登湖边的山林中。

> 在山林中，他砍树建造房子，种植大豆、萝卜、玉米和马铃薯，并且用这些作物换取大米，然后度过了与世隔绝的两年时间。这两年近乎原始的生活让他清醒地意识到生活的意义和生命的价值，他意识到一个人根本不需要太多的华贵服饰，不需要太多的美食，不需要各种各样的名声和地位来装饰自己，也不需要各种虚伪的聚会来充斥自己的生活。简约的生活方式让他有更多的时间和精力来体验生命，品味人生，同时也避免了被纷繁复杂的世俗生活所拖累。

有人说，生活总是越活越复杂，生活中的欲望太多，只会催生出更多的欲望，人们的生活模式也会变得越来越复杂、越来越烦琐。到最后，整个生活将会被一些毫无意义的东西充斥，人们也会失去对美好生活的感悟。

之所以会这样，就是因为人们对于生活的理解，对于幸福生活的理解出现了认知上的偏差。

很多人片面地认为幸福生活就是每天可以享用美食，穿戴华丽的服饰，拥有花不完的财富和高人一等的地位、权力。

在他们的认知模式中，幸福生活是物化的，是依赖丰富的物质来包装的。这种认知偏差导致他们总是想尽办法追求更多的财富，追求各种物质享受，从而忽略了对生活本真的体验。

著名的物理学家居里夫人在获得诺贝尔奖之后，不仅名气大增，而且得到了很多的财富。拥有了巨大的名气和财富后，她在生活中却渐渐感到力不从心。思考了一段时间，她选择将那些华美的家具全部送人。

朋友们对她的举动感到非常惊讶：这些家具并没有坏，而且很多还非常名贵，为什么要直接送人呢？

对此，居里夫人做出了解释："这些东西的确非常好，我很早以前就梦想着拥有一座漂亮的房子，拥有无可比拟的家具和装饰品，但现在我只希望追求安静的工作和简单的生活。"在她看来，生活本身不需要过多的物质来装饰，真正美好的生活不需要依靠外界的物质来堆砌，相反，越简单的生活越能展示出生活的美好。

此外，在居里夫人成名后，经常有很多人来拜访她，这严重干扰了她正常的生活和工作。如果把家里的家具都送出去，她就再也不用花费大量时间招待来访的客人了。

生活不需要那么多的点缀，不需要那么多的包装，就应该简简单单、返璞归真。幸福的生活是吃简单可口的饭菜，穿朴素保暖的服饰，住简单温馨的房子。平时认认真真过日子、认认真真工作，累了就到外面走一走，呼吸新鲜空气，听一听树上的鸟叫，看看美丽的夕阳。心烦意乱的时候，就请个假，带上家人一起外出游玩，走遍祖国的大好河山。闲暇时，约上两三个好友，一起去钓鱼、打球。

这些年，已经有越来越多的人开始从城市回到乡村，有的人甚至直接到山上隐居。

相比喧嚣浮躁的城市生活，他们更喜欢也更向往那种与世无争、自由自在、宁静祥和的生活。他们开始自己种菜，自己制作食物，自己盖房子，自己打井。尽管物质条件会差一些，甚至有些艰苦，他们却感觉生活越来越充实、越来越快乐。这样的快乐如今正变得越来越难得。

比如超级富豪巴菲特，虽然身家达到了上千亿美元，但他至今依然住在奥马哈的小镇上。他的房子并不奢华，而且他已经在这座房子里住了几十年，也没有买过其他的房子。不仅如此，巴菲特每天吃的食物也很简单，基本上就是牛肉、汉堡和可乐。很多人觉得巴菲特完全没有必要留在一个小镇上受罪，按照他的财富，完全可以住在世界上最繁华的商业街，可以住在最昂贵的别墅里，也可以享受最美味的食物。但巴菲特没有那么做，在他看来，小镇生活安静、淳朴、平和，最适合生活了，他觉得在这里生活很轻松。

人生有时候需要看得通透一些，要知道，简单的往往才是最好的，才是最真实、最纯粹也最有味道的。我们需要打造一个简约的生活模式，让生活回归它最开始、最真实的模样，让自己从烦琐的、复杂的社会模式中超脱出来。

当然，简约的生活并不意味着吃得简单、穿得简单，并不意味着要回归山野与现代文明脱节。简约的生活应该是一种知足，一种适可而止；应该是一种本真，一种自然之态；应该是一种低调，一种文静。它不俗不艳、不争不抢，就像是大素大雅的深谷幽兰。

一个人活得自然、活得真诚、活得纯粹，不借助太多的外在形式包装自己，那么他的生活就是简约的。

◎ 远离无效社交，拒绝无意义的生活

众所周知，社交是维系社会关系的基本活动。丰富的社交活动，不仅可以推动社会的交流和发展，还可以给个人的生活增添很多乐趣。不过在现实生活中，不当的社交活动往往也会带来一些负面影响。比如很多人一天到晚和朋友们在一起吃饭、玩乐，这不仅会浪费大量的时间、精力和金钱，而且还会养成不良的生活习惯。

并不是所有的社交活动都是合理的，人们对社交的狭隘认知可能会导致社交变成一种生活负担。比如最近几年非常流行的一个概念：无效社交。

什么是无效社交呢？简单来说，就是指那些低价值或者无价值的社交，它们无法给个人的精神、感情、工作和生活带来任何帮助，人们不可能在这些社交活动中获得成长，也得不到太多的助力。

无效社交其实普遍存在，比如现实生活中频繁的朋友聚会、同学聚会，在网络上和陌生人进行各种无意义的交流，等等。

在这些无效社交中，双方花费了大量时间进行交流和沟通，但是交流的内容和形式非常肤浅，双方之间不存在什么高价值的信息传递，而且具有很大的重复性。

关于无效社交，有人曾讲过这样一个故事：

> 有一个樵夫和一个放牛的人在山上相遇，闲来无事，两人就坐在一起聊天。半天之后，放牛人开开心心地回家了，他的牛也吃饱了，樵夫却因为聊天而耽误了自己的工作，一根柴也没有砍到。

这时候，对樵夫来说，这次聊天就属于无效社交，毕竟时间和精力的投入没有换来任何有价值的东西，还耽误了自己的工作。

如果两人坐在一起聊天，放牛人喂饱了牛，并且告诉樵夫一件事：此去往东不到一里地有很多柴，樵夫去那里砍柴的话，每天都可以满载而归。

这时候，樵夫就在交流中获取了高价值的信息，和放牛人的这次聊天，就属于有效社交。

在日常生活中，很多人会对社交产生误解，认为社交就是与人交流，就是两个人在一起互动，却不知道自己这样做往往会落入无效社交的陷阱。比如很多人每天都会在社交平台上与一些陌生人进行交流，这种交流基本局限在日常问候和打招呼上，要么就是针对一些无意义的话题进行交流，彼此开玩笑。

这样的社交模式除了浪费时间和精力，并没有什么好处，而且这些网络社交关系非常脆弱，尽管交流双方可能以朋友自居，可是一旦某一方出现困难，另一方极有可能不会采取任何行动提供帮助。

2016年，梁先生从公司辞职，他想要自己创业，可是苦于找不到合适的项目。辞职后的几个月里，他一直在家待着，寻找合适的机会。

有一天，一个朋友向他分享了一个聊天群，据说里面有很多生意人，或许他们可以提供一些不错的创业思路和方法，说不定还能提供一些资源。梁先生很快在朋友的引荐下入群了。

梁先生自从加入这个聊天群之后，每天都忙着和群里的朋友聊天。大家经常在群里开玩笑，或者一起商量周末去哪里聚餐，去哪里旅游，有时还会挨个发红包助兴。群里每天都会有一些固定的节目，每一个群成员都要参加，梁先生不得不时刻守在手机旁边查看消息。

转眼半年过去了，梁先生根本没有从群里获得任何创业经验，也没有获得任何经商的资源。不仅如此，他每天还要花费几个小时的时间来维持彼此之间的关系，一些所谓的内部节目和活动更是让他不堪其扰，甚至还因为和群友吃饭、旅游而花费了好几万元。

醒悟过来后，梁先生懊悔不已，直接选择了退群。

无效社交是一个普遍现象。有的人希望投入更多的时间和精力来满足自己的需求，但他们并没有意识到自己的社交属于无效社交，而有的人明知道自己的社交毫无意义,仍旧沉迷其中。比如很多人每天花在社交软件上的时间远远超过两个小时,对于这两个小时,人们不妨扪心自问:有多少时间是用于同事之间的工作交流、上下级之间的工作汇报、与优秀人才的学术探讨,又有多少时间是用于感情的交流呢?

要知道,社交的目的是促进信息的交流。人们愿意从事社交活动,是因为可以在社交活动中输出自己的价值,然后获取自己想要的价值。

如果社交活动停留在"你好吗""今天去哪里玩""你在吗"这种肤浅的对话上,或者停留在"大家一起吃个饭""一起出去玩"这种没有什么价值的活动上,那么这样的社交活动不参加也罢,这样做至少可以给自己的生活减轻负担。

无效社交往往包含两个部分:一部分是无效的社交对象,另一部分是无效的社交方式。

所谓无效的社交对象是指那些对自己的生活、工作、情感、精神的成长没有任何帮助的人。虽然彼此之间会有一些交流,但这些交流基本停留在一些无意义、无价值、无营养的话题上,他们只会增加你的社交成本和社交压力。

无效的社交方式是指人们社交的方式是错误或者不合理的。比如在交流时过于自我,凡事以自己为中心,只强调自己的利益,而不顾他人的利益和需求;或者动辄就去打扰他人,甚至干扰别人的正常生活。这些错误的社交方式很容易引起他人的反感,导致彼此之间的交流无法深入。

如果长时间采用不合理的社交方式,就会导致社交的负能量不断积累,破坏正常的沟通交流。还有一种情况,那便是大家没有能力也没有意愿进一步挖掘信息,最终导致双方的交流只停留在表面。

如果想要跳出无效社交的陷阱，就一定要擦亮眼睛寻找适合自己的社交对象，确保自己的社交活动有更强的针对性，然后在社交中保持更高效的社交形式，选择更为合理的社交方法，避免自己在无效社交中蹉跎岁月。

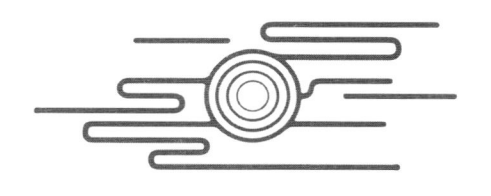

第 5 章

认真过好每一天，
充实自己的人生

◎ 活在当下，不要执着于过去和未来

这个世界上有三种人。

第一种人属于活在过去的人，他们可能拥有一份光鲜的人生履历，在过去获得了很大的成功。这类人总是希望可以回到过去，可以恢复过去的荣耀，他们对当前的生活和工作感到不满意，总是消极看待当前所遭遇的一切。而这种执着于过往的生活模式往往会让他们丧失许多生活乐趣，一步步被当前的生活所抛弃。

第二种人属于活在未来的人，他们的过去和现在可能都很不如意，遭遇了很多挫折，这时候，他们会将注意力放在未来。他们期待着自己可以拥有光明的未来，可以获得非常大的成就。

第三种人属于活在当下的人，无论拥有什么样的过去，都不会影响他们对当前生活的计划。他们会将大部分的精力放在当前的生活和工作中，努力过好每一天。他们也期待着美好的未来，会制订合理的计划和目标，但他们不会沉迷于未来不确定的事件中。未来或许值得期待，但他们更希望先把当下的每一天过好。因为他们知道，只有过好每一天，才能为未来奠定良好的基础。

在这三种人当中，往往只有活在当下的人才能感知到幸福。首先，活

在过去的人忽略了一个真相：人们不太可能在一个无常的世界中追求永恒的幸福和快乐，因为世界始终处于不断变化和发展的过程中，人们在过去获得的快乐和幸福，不太可能在一个相似的情境、相似的状况、相同的地点和相同的人物面前重复一遍。因为过去的事情没能得到重现，因为过去的荣耀没有得到复制而苦恼，绝对不是一种理性的精神状态和思维模式。

而活在未来期待中的人，可能会花费一生的时间来等待新生活的到来。虽然等待是思维的一种基本状态，但过度沉迷于等待，就意味着不需要现在。一旦人们放弃了现在，将所有的希望寄托在未来，就会丧失当下时刻的意识，失去对当前生活的控制，最终导致生活质量和生命质量直线下降。

沉迷于过去或者将来，都是一种病态。它源于人们的痛苦体验，就像人们沉溺于酒精、食物和药物一样，当一个人对这些东西上瘾时，意味着他渴望摆脱当前的痛苦和不如意。

这是一种逃避行为，一个人越是沉迷于此，证明其痛苦越大，证明其越是无力改变现状。如果他不能及时跳出来，回归现实生活，那么他只会越来越痛苦。

剑桥大学导师埃克哈特·托利曾经写过一本《当下的力量》，在这本书中，他这样说道："其实我们一直都处在大脑或思维的控制之下，生活在对时间的永恒焦虑中。我们忘不掉过去，更担心未来。但实际上，我们只能活在当下，活在此时此刻，所有的一切都是在当下发生的，而过去和未来只是一个无意义的时间概念。通过向当下的臣服，你才能找到真正的力量，找到获得平和与宁静的入口。在那里，我们能找到真正的欢乐，拥抱真正的自我。"

埃克哈特·托利认为人们所感受的一切都是在当下实实在在发生的事

情，人们的评判建立在当下具体体验的基础上，人们有关改造生活的力量也来源于当下的经历，过分看重过去或者未来，只会让自己错失当下的美好生活。

一些人在日常生活中，面对爱情、工作时，也常常会沉迷在过去的美好经验和对未来的憧憬中，而忽略了眼前的幸福，他们最终也会逐步失去这些幸福。

过去的已经过去，未来的还未到来，人们应该专注当下的生活。只有活在当下，才能经营好当下，也才能驾驭当下，并且成功脱离过去和未来带来的牵绊。那么，我们应该如何做呢？

首先，要建立正确的行为模式。我们需要主动总结曾经的生活经验和工作经验，这样做可以在回味过去的同时，将过去生活的精华提取出来，用于指导当前的生活。这也是将过去的生活和当前的生活进行完美结合的关键。此外，我们还要坚定对未来的信念，要坚信自己在未来的某一天可以获得自己想要的东西，可以实现自己制定的人生目标。当然这一切都是建立在当下努力的基础上的。我们要专注于当前，努力奋斗，踏踏实实走好每一步，才能让未来变得更加可控。

其次，要专注自己的身体，合理运用身体的每一个感官器官，学会聆听和感知世界上的万事万物。通过这种感知来了解事实，而不是通过主观的想象来解读这个世界。通过这种感知，我们可以对生活产生更美好的体验，可以更好地包容生活中的不如意，更好地享受当下。

最后，活在当下，专注于当下的每一个生活瞬间，专注于每一次的体验。我们要心怀感恩，认真享受当下获得的东西。我们要善于挖掘生活中的美好，而不能总是关注当前的挫折和不如意。只有发现更多美好的事物，只有安然享受生活的赐予，才会集中精力过好当下的每一天。

我们需要建立活在当下的思维，无论是社会的发展还是一个人的成长，能量都集中在当下。过去的经验固然重要，未来目标的指引也拥有一定的引导力，但真正决定一个人能走多远的永远是当下。

只有活在当下，把握当下的资源，才能真正推动自身的前进。因此，我们需要认真过好每一天、每一分、每一秒，需要用心走好脚下的每一步。

◎ 建立生活的信仰，引导自己前行

在谈到人生、谈到生命所需要的精神力量时，常常离不开一个词：信仰。在日常生活中，人们经常会说："做人应该有信仰，做人要坚定自己的信仰，做人要用一生去践行自己的信仰。"

那么，信仰究竟是什么？

信仰是指人们自发地对某种思想或者精神能量产生的敬仰，是一种对自然法则、社会法则、人类命运的超越性意识，也是个人对自身与客观世界关联性的认知。它是一种绝对的、无私的爱，源于生命的需求，但高于生命，人们会把生命的全部意义和精神力量都放在信仰上。

常见的信仰有政治信仰、宗教信仰和生活信仰。

其中生活信仰是生活所需的一种指导性力量，直接关乎每个人的生活态度和生活质量。生活信仰往往是对真理的一种领悟，是对个体生命、自然及社会的感恩，是对各种法则的敬畏。它指引人们勇敢追求人生的真善美，不断提升自己的精神境界。

简单来说，生活信仰是指人们需要弄清楚自己为什么活着，为了什么而活着。不同的人拥有不同的生活信仰，有的人把帮助他人当成信仰，有的人将崇拜明星当成信仰，有的人将体育活动当成信仰，也有人把爱情当成信仰。

每个人都有不同的信仰，每种生活也可以有不同的信仰，这些信仰并没有高低贵贱之分，重要的是我们可以借助信仰的力量推动自己追求人生的目标，推动自己不断实现个人的理想。

一般来说，拥有强大的生活信仰，就可以引导和支持自己始终沿着既定的方向把握目标。信仰可以提供基本的前进方向，可以提供更多的精神力量，确保人们不会轻易迷失和放弃，而且人生也会变得更加充实。

20世纪90年代，有个年轻人深入西北荒漠，并在那里定居。当时他的家人和朋友都对他的决定提出了反对，认为那个地方穷山恶水，百里范围内没有人烟，根本不适合人居住，而且普通人在那里也没有任何发展前途。但年轻人还是"一意孤行"，他告诉家人和朋友，自己准备在大荒漠里植树种林，他希望自己可以为国家的造林计划贡献一份力量。

这一番话让众人目瞪口呆，他们还想继续劝说，但没过几天，年轻人直接踏上了前往西北的列车。

在接下来的30年时间里，年轻人一直坚守岗位，为国家栽种了几万亩的树林，为当地的生态环境改善做出了重大的贡献。

当记者采访他时，他已经从一个意气风发的年轻小伙子，变成了满头白发、皮肤黝黑、双手干枯的老人。

记者询问他生活苦不苦，他笑着说："苦，很苦，但是自

> 从到了这儿,每一天都过得很有意义,每种一棵树,我就觉得自己增加了一份功业。"
>
> 记者又问:"你究竟是依靠什么力量,在这里坚持了30年?"他笑着说:"我这一辈子就只有一个信念,那就是希望西北的荒漠有朝一日可以变成绿洲,我愿意为此奋斗一辈子。"

一个人的心境往往和个人的信仰有关,个人的信仰越坚定,就越不容易受到外界事物的干扰,就越懂得坚持和坚守,更能坚定地朝着既定的目标前进。

在物质生活高度发达的社会,我们很容易受到各种因素的干扰,可能会耽于享受而放弃自己的目标,可能会因为各种压力而选择半途而废,也可能会受到物质生活的干扰而选择其他目标。

不仅如此,我们还面临很大的竞争压力,也许别人的能力更强,资源更丰富,甚至别人的运气更好,这时候我们的意志力很容易受到动摇。如果没有足够强大的信仰,甚至没有信仰,那么我们可能就没有足够强大的力量来应对各种干扰和危机。

有人说,信仰为人们的生活制定了一种秩序和规则。有信仰的人会遵守这种秩序,并按照相应的规则行事,这时候他们的内心是充实的、富有激情的。无论要做什么事,无论遭遇什么困难,无论面对什么诱惑,他们最终都会坚定不移地向目标靠拢。

正因为如此,人们需要建立适合自己的生活信仰,找到一种支撑自己持续追逐理想和目标的精神力量。

首先，要懂得感知和体验生活，主动去了解这个世界究竟是怎么一回事。一旦我们更深刻地认识生活，甚至了解社会运作的基本规律，就可以形成一些自己的主观想法。接着，我们需要在认知和感受现实生活的基础上，与一些有价值的生活理念和思想结合起来，并依靠这些有价值的生活理念来指导自己构建基本的价值观和人生观。价值观初步确立后，我们要做的就是在不断的实践中去完善它、强化它，最终形成具有约束力和引导力的信仰。

比如，某人发现身边有很多穷人看不起病，很多孩子上不起学，他们不得不依靠外界的救助，这时候他的内心可能会产生触动，也希望自己可以为这些穷人提供力所能及的帮助。

为此，他开始有意无意地留意那些援助穷人的好人好事，并且主动去结识那些慈善家。

经过一段时间的接触，他的内心受到了很大影响，对慈善事业产生了浓厚的兴趣，并渐渐形成了帮助他人摆脱困境的价值观。在之后的时间里，他跟着那些慈善家一起做慈善，尽自己的力量去帮助别人，最终慢慢建立起这种"为穷人服务"的生活信仰。

一个有生活信仰的人，他的目标是坚定的，方向是明确的，行动是专注的，情感是热烈而持久的。他每一天都在信仰的支撑下奋斗，每一天都渴望在实际行动中践行自己的信仰。对他而言，生命只有一次，必须让每一天都更有意义。

◎ 分解目标，然后逐步实现

在谈到生活是否充实的时候，许多人会片面地将充实与职业属性联系在一起。按照他们的理解，充实的生活应该是每天都做些有意义的大事，比如搞科研工作，搞艺术创作，或者每天都创造巨大的商业价值。

这些高价值的行为似乎成了评判一个人生活是否充实的标准，但实际上，生命的充实不在于做什么，而在于每一天都有事情可做，每一天都能够从中感受到意义。

一个科研工作者可以通过日复一日的技术研发来充实自己的人生，一个普通人也可以通过种菜、割草、喂猪来充实自己。生命的价值并没有高贵和低贱的区别，任何职业、任何阶层的人都可以活出自己的价值，活出自己的风采。

所以真正的充实在于每一天都活得有意义，可以做自己想做的事，可以追逐自己的人生理想。在追求人生理想和目标的过程中，为了确保每一天都过得比较充实，就要懂得设立目标，然后逐步分解，逐步去实现这些分目标。

从个人成长和发展的角度来说，人生需要设立一些远大的目标。但仅仅设立远大目标是不够的，因为很多目标太过遥远，可能需要花费十年甚至几十年的时间来实现。而在那么长的时间间隔内,我们是否能够保持初心,是否可以数十年如一日地奋斗和坚持,是否可以做到始终坚持沿着既定方向前进,这些都是未知的。

就像减肥一样。假设一个肥胖的人设置了3年减掉70斤体重的目标。前几个月的时候,他会信心满满,在健身房里拼命锻炼。但是半年之后,当他发现自己的成果距离减肥目标相去甚远时,就可能产生挫败感。

这时候他可能会质疑自己的训练方法,可能会与周围的锻炼者进行对比。久而久之,他开始频繁缺席锻炼,随意打乱减肥计划,最终一年不到就选择了放弃。也有可能他会擅作主张,认为3年时间那么长,自己不急于一时,所以一开始就会三天打鱼两天晒网,寄希望于后面的一两年。

这样一来,整个计划就会被打破,减肥自然也就难以获得预期的效果。

可是如果他可以制订一些切实可行的阶段性目标,比如3个月减肥10斤、半年减肥20斤、一年减肥35斤、一年半的时间减肥50斤,2年减肥60斤、3年减肥70斤,这就可以让原本看起来很难实现的目标变得更具可实施性,减肥者也更容易坚持下去。而且在实现阶段性目标之后,他很容易受到鼓舞,每天都会认真执行减肥计划。

总的来说,人生的目标设置得太过遥远,很容易偏离航向,很容易失去控制力,我们需要学会对大目标进行分解,对小目标进行分配。比如今天必须完成多少任务,必须坚持多少小时,必须投入多少精力。目标的分解和任务的分配往往可以更好地规范一个人的行动,提升其执行力。

新东方创始人俞敏洪谈到自己的创业经历时曾经说过,

他在很早的时候就梦想着成立一家英语培训机构,并以此作为自己的奋斗目标。

不过对当时的他来说,这样的目标太过遥远,按照当时的能力几乎是不可能完成的。为了确保自己能够保持奋斗的信心和勇气,为了让自己可以长时间保持追逐梦想的热情,也为了保持平稳的前进节奏,他将这个目标进行分解,制订了阶段性的小目标。

首先,俞敏洪决定参加高考,争取考上大学。因为只有考上大学,有了更好的学习机会,有了更多的资源,才能拥有办学的资历(学位要求)和条件,从而为创业打好基础。

第一年、第二年他都没有考上大学,但是接二连三的失利并没有让他气馁,反而让他在学习中更加专注,更加用功。到了第三年,他终于如愿以偿,考上了北京大学。

接下来,他开始实施第二个目标,那就是背单词。毕竟想要开培训机构,就需要出色的英语能力,而词汇量直接决定了一个人的英语水平。

为此,他开始疯狂记单词,最终背下了差不多3万个单词——要知道,常用的英语单词也就3000多个,英语专业研究毕业生所掌握的英语单词一般也才8000多个。从这个角度来看,俞敏洪已经成了一名优秀的词汇老师。

最后,俞敏洪开始向第三阶段的目标出发,那就是成立

"新东方"。他的目标是打造一个中国最好的英语培训机构。

为了实现这个目标，俞敏洪亲自上台授课。那段时间，他每天都要给孩子们上6～10个小时的课程，加上准备工作，他所有的时间几乎都花在了英语培训上，可以说每一天都过得很充实。

经过十几年的发展，新东方一步步做大、做强，最终从一家小的英语培训机构发展成为国内最大的英语培训机构。

俞敏洪的成功在于他是一个出色的目标管理专家。他在追求人生目标的时候，并没有好高骛远，而是将远大的目标与现实操作完美结合起来，通过目标分解的方式提升了目标对个人的引导力，也提升了个人对目标、对流程的控制力，确保了目标在阶段内的可实施性。大多数人都可以按照这种模式和方法来管理自己的人生目标。

不过，需要注意的是，目标的分解应该按照自己的实际情况来设置，并不是分得越细越好，也不是分得越少越好。太过细分的目标会失去挑战性，我们可能感觉不到进步；而分得太少的话，目标的指导性又很容易被削弱。最好还是按照目标的难易程度及个人的成长曲线进行合理分解。

在设置目标实现的期限时，也要进行合理设置。无论是总目标还是分目标，都要合理设置期限：时间太长的话，容易产生拖延，而且失去时效性；时间太短的话，会带来更大的执行压力。

◎ 相比结果，更要关注过程

斯坦福大学行为心理学教授卡罗尔·德韦克曾经花费很长时间研究人们的思维模式。她认为人们有两种不同的思维模式，一种是成长型思维模式，另一种是固定型思维模式。

固定型思维模式的人，倾向于认为人的智力水平是天生的，他们非常在意做事的结果和可能产生的影响。

当他们做完一件事后，最关心自己的行为是否产生了正确的结果。在公布答案的时候，如果使用仪器监测他们的脑电波，会发现他们的脑电波非常兴奋，表明他们的注意力在这时候表现得最为集中。

如果让他们接触学习型的知识，脑电波反而不会显现出任何兴奋迹象。

可以说，这一类人只关注结果而不关注过程，并不期待自己可以在工作和学习的过程中不断得到提升。

而成长型思维模式的人相信个人能力是能通过后天的努力获得提升，他们喜欢学习和挑战，希望通过自己的努力克服困难。他们非常看重体验过程，喜欢看到自己努力后获得的提升，并且不会以结果论成败。

在日常生活中，有很多固定型思维模式的人。他们在生活、学习和工作中是典型的唯结果论者，通常只会按照结果来评判一个人。比如，他们在分析一个人是否用功读书、用心工作时，只会按照这个人的考试成绩和工作绩效做出判断。如果一个人成绩好，就会认定其做出了努力。相反地，如果这个人考核不合格，就会否定其之前所做的努力。

然而一件事的结果是成功还是失败，本身带有一定的偶然性，容易受到诸多因素的干扰。

当我们获得成功时，用不着得意忘形，因为这一次的成功可能带有运气成分。如果不能对自己的奋斗过程进行回顾和复盘，或许根本不清楚自己是因为什么成功的。同样地，当我们失败时，或许并不意味着能力上的不足，有时候只是运气不佳，或者受到了一些外在因素的干扰。如果因为不理想的结果就否定自己的能力，会损害我们的自信心及重来的勇气。

存在固定型思维模式的人拥有很强的得失心，会被束缚在结果中。为了获得成功，他们可能会采用一些不道德的手段来满足自己的私利，从而误入歧途。他们往往容易背负沉重的心理负担，由于害怕失败，也不敢承担失败的责任。他们的心态通常都很不稳定，一些很小的挫折就可能会影响他们能力的发挥，甚至导致他们半途而废。

相比能够做到什么、完成什么，拥有成长型思维模式的人更注重了解自己在成长过程中学到了什么，在执行过程中收获了什么。

我们需要改变自己的思维，培养自己的成长型思维，用成长的眼光看待自己，把握好成长的每一个阶段、每一个流程，逐步积累经验，提升能力，完善自己。这种成长远比获得理想的结果更重要。

2022年12月9日，马斯克旗下的私人太空公司在得克萨斯州试飞了一艘名为SN8号的飞船。结果非常遗憾，这艘飞船试飞6分钟后，在准备降落时发生了爆炸。

　　这件事震惊了全球，媒体在同一时间段报道了这件事，同时也为这一次的试飞失败感到惋惜。大家都觉得这是马斯克太空旅行计划中的重大挫折，同时也让太空旅行蒙上了一层阴影。

　　令人意外的是，马斯克对这次的爆炸事件非常满意。他在推文中非常轻松地说道："这次试飞完美收官。"

　　原来，马斯克从一开始就没有指望SN8号飞船可以顺利升空、顺利降落，他试飞的目的就是验证技术。这次试飞计划本身就是为了考察飞船在12000米的低空飞行与降落技术。

　　虽然研发人员已经做了多次研究，但基本都停留在理论上，只有试飞一次才能采集大量的飞行数据来验证，同时可以发现飞船在起飞过程中的各种问题并加以矫正。

　　从这一层面来说，研究过程和试飞过程才是最重要的。飞船发生爆炸固然可惜，但它的爆炸可以为飞行技术的完善和提升提供宝贵的数据，马斯克自然不用为爆炸事件感到担忧和沮丧了。

对多数人来说，结果非常重要，毕竟结果在某种程度上代表了个人在一个阶段内的成长。但是结果并不意味着一切，我们没有必要过分看重做事的结果，更不能因此忽视过程的重要性。毕竟任何一种结果都是在奋斗过程中努力得来的。可以说，奋斗过程中的每一个节点、每一次付出，都是制造结果的基本元素。

忽视过程就是忽视自己的努力，这对个人的成长没有任何帮助。

如果一个人不注重成长和努力的过程，不仅会徒增很多烦恼，还会因为不懂得享受过程而错失很多美好的片段。

有个旅行者遇到一位老人，向老人请教本地有没有什么好的风景点。老人想了想，说："从这里往东走20里，就可以看到一座寺庙。"

旅行者很高兴，于是急忙赶往寺庙。经过几个小时的跋涉，旅行者终于在天黑前赶到了寺庙。可是进去一看，他发现这个寺庙破旧不堪，根本没有什么美景。他觉得自己被那个老人欺骗了。

第二天，旅行者一大早就往回赶，正好在半路上见到老人，于是生气地问老人为什么要欺骗自己。

老人微笑着说："我没有骗你，一路走去，你难道没有见到路上绝美的风景吗？"

这时候，旅行者环顾四周，才发现老人说得一点儿没错，

> 沿途的风景的确很美。很惭愧的是，当时他只想着赶往目的地，却忽略了旅行的过程。

人生也是如此，很多时候，人们只顾着寻找一个结果，却没有想过在追求结果的道路上，自己的经历往往才是最宝贵、最有意义的。

人生所求，不一定是为了得到一个结果，很多时候，寻求的过程才是真正不可或缺的。

◎ 适度安排一些生活琐事，体验生活的快乐

许多人对于生活计划，对于一天的规划往往存在一个误解：每天都应该将精力花在那些大事上。

生活中，无论是我们接触到的时间管理方法，还是一些关于生活规划的法则，都在有意引导我们变成一个"做大事，做要事"的高效管理者，都想让我们把专注力放在那些决定人生是否能够获得成功的大事件上，似乎人生就应该被那些大事和要事充斥。

当大家都在强调生活价值、工作价值、人生目标的时候，很多人就把自己绑在了高强度的发展模式上。也许他们会很成功，但他们的生活质量绝对算不上高，生活也远远称不上充实，因为生活不是用来事事规划的，那样的人往往活得很累。

生活也不是完全用来做大事、要事的，那样的人生会显得单调和空洞，少了很多趣味。真正充实的生活应该夹杂着一些琐事。

尽管我们一再强调，太多的琐事会打乱生活的节奏，但这并不意味着要完全排斥它们。从生活的角度来说，人们不仅需要工作，需要那些重大事件来支撑人生的价值，同样还需要很多微不足道的琐事作为生活的调剂品。因为快乐有时候是很简单、很朴素、很琐碎的。

有人曾这样形容生活：生活就像是一个瓶子，瓶子里面如果只有大石块，那么生活仍旧留有很多的空洞，想要让它更加充实，就要加入小石子和沙子填上所有的空洞。如果说大石块是生活中那些举足轻重的大事，那么小石子和沙子就是琐碎的生活片段，起着补充和调剂的作用。

比如，许多人会按照"6点工作制"来制订一天的计划，他们会找出自己一天中将要完成的6项工作，然后按照轻重缓急排好顺序。而在这些重要或者高价值工作的衔接空隙，可以做一些琐事来调节情绪。比如趁着休息的空隙看看电视，玩一会儿网络游戏，或者和朋友们视频聊天，也可以打扫卫生，收拾一下房间，给花浇点儿水……

这些琐事看起来没有什么太大的价值，不会对个人的成长和发展产生太大的推动力，却可以为生活增添很多趣味。

事实上，我们几乎每天都会被大量琐事占据：早上起来，穿着自己挑选的衣服出门；下午下班之后，逛一逛超市，买点儿东西回家；晚上下楼散步，或者陪孩子打羽毛球；抽空给宠物洗澡；带着孩子收拾一下杂物间……

这些所谓的琐事往往是维持生存的必要行为，它们对个人的生活通常没有任何额外的加成。一旦我们花费大量时间和精力在上面，很容易感到疲惫不堪，而且自己的工作和生活肯定会受到影响，但适当做一些安排，情况就大不相同了。

我们可以从相对严谨、繁忙、高压的生活模式中，暂时跳出来，释放压力、调剂生活。就像一个人在公司里辛勤工作，回到家里肯定不想继续加班一样，他反而特别期待通过一些无关紧要的生活琐事来放松自己。

比如，超级富豪巴菲特虽然工作很忙，但也不是一天到晚都沉迷于工作当中。下班后，他通常会和朋友们打桥牌，也会前往快餐店吃一个汉堡，或者喝一杯可乐；百度创始人李彦宏是个工作狂，但是在工作之余，他会花费一些时间养花种草，并经常在贴吧里与网友讨论种植花草的秘诀；腾讯创始人马化腾平时工作累了，就会拿出自己的天文望远镜，对宇宙进行探索；雅虎的CEO梅耶尔是一个蛋糕迷，虽然平时工作很忙，但她还是不忘亲手做蛋糕给家人吃。

相比普通人，他们的生活更加多姿多彩，也更具层次性。

完整而充实的生活，往往需要不同的生活要素拼凑和组装。我们不能总是将生活的关注点放在那些具有重大价值的事情上，不能总是把生活想象成一个奋斗的集合体。

生活需要奋斗、需要成功来点缀，需要各种高价值的东西来包装，需要更多有分量的东西来支撑，但生活同样需要一些简单而琐碎的片段来修饰。这些琐事看起来很平淡，也很普通，但正因为它们，生活才有了更多淳朴的、纯粹的元素。

有人说，好的生活需要烟火气。烟火气就是平凡，就是纯真，就是一些看起来可有可无的平淡。

随着社会的发展和进步，我们的生活变得越来越逼仄，就是因为人们始终认为奋斗才是头等大事，认为那些人生大事才是生活的全部内容。在巨大的竞争压力下，我们往往被束缚在社会竞争机制和竞争文化之中。

为什么会有越来越多的人在工作中感到失意、感到无趣，就连孩子也对学习丧失了乐趣？就是因为太多的压力，太过绝对的生活模式压得人喘不过气，而生活又缺乏调剂品。

我们应该端正态度，改变自己的生活思维和生活理念，将琐碎的小事纳入生活的范畴。琐碎也是一种幸福，琐碎也是一种快乐，琐碎代表了生活最朴素的一面。给自己适度安排一些生活琐事，可以让自己顺利找到排遣压力的出口。

　　我们应该合理安排自己的生活，在安排那些大事和要事之余，可以穿插着安排一些简单的小事来调节情绪、缓解压力。生理学家发现，人的注意力不可能长时间保持集中，一旦一个人长时间专注在一件重要的工作事项上，其工作效率和情绪都会发生波动，不利于工作的持续，如果此时做一些琐事，就可以及时得到休息和调整。

　　需要特别说明的是，对于琐事的安排一定要有时间上的限制，每次不要花费太多时间和精力在这些小事情上，而且每天做琐碎工作的时间最好不要太多，以免耽误自己的工作。

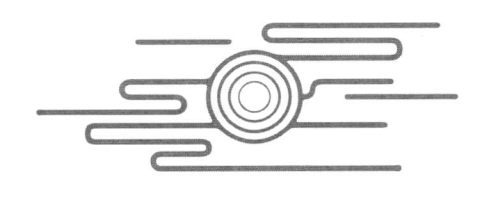

第 6 章

看透生活的本质，
　微笑面对生活

◎ 不要在心情不好的时候做决定

我们每天都会遇到各种各样的事情，这些事情往往会影响我们的情绪和心态，而情绪本身又可以影响我们的行为。

心理学家认为，情绪本身可以为人们的成长提供内在的驱动力，很多人就是在情绪的推动下实现了自我。这种情绪推动可以是正面的，也可以是负面的。比如，当人们遇到不顺心的事时，情绪会跌入谷底，此时如果将个人的情绪凌驾在理性思维之上，人们的言行举止就会受到影响，甚至做出一些错误的行为，而这些错误的行为最终又会伤害自己和身边的人。

在日常生活中，很多人在生气的时候喜欢骂人，这就是负面情绪带来的刺激。人们会在情绪的干扰下失控，偏执地、片面地、消极地看待周围的人和事。这样做往往会导致矛盾激化，严重影响个人的社交关系。

有的人则会在情绪不佳时匆忙做决定，或许连他们自身也没有意识到，这时候做决定是不是合理。事实上，当人们的情绪不在状态时，对相关事项就会缺乏理性的分析，此时做出的决定通常会漏洞百出，可能会带来很大的风险。

当情绪不佳、心情低落时，人们很容易冲动行事，很容易让思考变得狭隘。他们会被感性的认知所吞噬，从而无法完全控制住自己的情绪。

人的情绪会受到内外多重因素的影响，一个人不可能每天都保持开心乐观的状态，但是我们可以控制自己的行为，确保自己在情绪不佳时不做任何决定。

作家毕淑敏说过这样一段话："记住，以后下雨的时候，你不要做决定。如果你一定要做，起码要把头发擦干。不然的话，你的决定就总有冷冰冰的味道。最好的决定是在艳阳高照的时刻做出的，会有干燥的麦子的味道，安全而饱满。"

小王工作一直不顺心，在单位里经常受到领导的剥削与责骂，他只能默默忍受。妻子也不关心、理解他，每天回到家后，妻子就在他旁边唠叨。要么说他工作不上进，小区里的×××已经晋升为部门主管了，他还是一个普通员工；要么就指责他下班回家不做家务，进屋没有及时换鞋子，还经常饮酒。

有一天，妻子又像往常一样指着小王的鼻子骂，他很生气，直接摔门而去。半夜的时候他才回家，发现妻子正坐在沙发上，怒气冲冲地看着自己，依旧是劈头盖脸一顿骂。

小王非常生气，准备告诉妻子"我们离婚"。就在他即将抑制不住内心的愤怒时，想到妻子在他生病时无微不至的照顾，想到妻子当初为了他们能买上房子到处借钱，想到妻子怀孕时还坚持在外边摆摊补贴家用……他的心软了下来，温和地笑着说道："老婆，我饿了，能给我煮碗面条吗？"

> 听到丈夫这样说话，妻子有些诧异，愤怒的情绪很快消失了，转身到厨房里煮了一碗面。
>
> 就这样，一场大冲突得以避免，而在这之后，妻子改掉了以往的暴脾气，不再像过去那样喜欢唠叨。

心理学家认为，一个人往往具备两种思维，一种是思考，另一种是感受。

一般来说，感受产生效果的速度要比思考快很多。当一个人情绪不佳时，很容易在认真思考问题之前情绪爆发。

正因为如此，我们需要加强对负面情绪的克制和引导能力，确保自己有足够的时间和机会进行理性思考。

那么我们具体应该如何去做呢？

首先，当我们心情不好的时候，不要着急做出决定，而要懂得保持理性，先给自己几分钟的时间冷静一下，再考虑要不要做决定。

其次，情绪不佳的时候，可以考虑换一个场景，让自己先离开一下，这样就可以暂时离开制造麻烦的环境，为自己争取到更多自我调节的时间。就像两个人发生争吵时，最好的办法是双方都离开一段时间。只要不见面，双方之间的矛盾就不会进一步被激化，而且彼此也能够慢慢给自己的情绪降温。

再次，情绪低落的时候，如果实在控制不住，可以先做些其他的事转移注意力，让自己暂时忘记这件事，及时将自己从负面情绪中拉出来。当我们恢复理智后再去做决定，往往会有意想不到的收获。

最后，当我们情绪不好时，应该静下心来观察自己，了解自己的内心。教育心理学博士周丽媛在《你压抑的坏情绪，就是伤害身体的刺》一文中，提到了一种排遣负面情绪的方法——照镜子。她这样说道："也许，你已经很久很久没有照镜子认真看看自己了，甚至都已经忘记了自己具体的长相。现在，如果你身边有镜子，站到它面前，你看着镜子里真实的自己，你翘起的头发、皮肤上的纹路，你的眉毛、眼睛、鼻子、嘴巴，还有你的身材，你能盯着自己不闪躲吗？你能试着对自己说一句：亲爱的，你已经很好了，你已经很努力了，你值得被爱，我爱你。你能说出这句话吗？也许你根本说不出口，或者说一半就卡住。因为在你的内心里，你觉得自己不配，觉得自己不值得，觉得自己不够美、不够年轻、不够可爱，不值得被爱。所以看着镜中的自己，你觉得尴尬、做作、不自然。"

按照她的说法，通过照镜子，人们可以发现自己的外貌和表情，也可以重新找到对自己的真实感受。镜子能够直观地呈现一个完整的、充满奇迹的自我。

长久地对视镜像中的自我，往往更容易看见自己的内在和灵魂，也更容易推动内在的自己与外界发生联系，从而更好地与外界产生连接。

此外，当我们习惯照镜子时，可以窥探自己的内心，照出内心最恐惧的东西，这样就可以直面自己的情绪，然后找到自我调节的方法。

◎ 多想一想那些让自己快乐的事

2008年，美国次贷危机爆发，并引发了世界金融危机。当时很多投资者在股市遭遇重大亏损，不少人一夜返贫。

有个投资者和朋友一起购买一家欧洲公司的股票，结果这家公司股价大跌，直接宣告破产，两个人也因此亏掉了全部身家。

不久之后，朋友因为受不了刺激，跳海自杀了。

投资者非常难过。面对个人破产及好友离世的双重打击，他的内心几乎要崩溃了，也想通过自杀的方式寻求解脱。

一天晚上，他打算在睡觉时服用大量安眠药。可是就在他打算服药时，儿子敲开了他的房门，然后递过来一份试卷让他签字。

看着儿子开心的笑脸，他突然意识到自己虽然失去了亿万财富，虽然失去了最要好的朋友，但他还有一个可爱懂事的儿子。

在与妻子离婚的几年时间里,孩子一直是他最大的精神支柱。他开始回忆自己与儿子一起晨跑的画面,回想自己陪儿子打篮球的场景,又想起儿子在小学毕业典礼上对自己的感谢语。

想到这些温馨、幸福的画面,他觉得自己不应该自暴自弃。这天晚上,他把安眠药全部倒进马桶里,并决心重整旗鼓。

有人说,人生很苦、很难,所以每个人都要微笑面对,因为悲观的情绪和消极的心态只会让生活更苦、更难。比如很多人会产生职业倦怠,对工作失去兴趣和信心,这些人往往面临着多重压力:工资不高,晋升困难,工作压力大,上下级关系糟糕,工作重复,缺乏新意。当人们对自己当前的工作产生悲观心理,认为自己毫无前途可言,一辈子都会被捆绑在无意义的工作上时,一旦遭遇不顺心的事情,他们的内心就会更加痛苦,就会反复咀嚼那些工作压力。在他们看来,工作就是一种煎熬。这时候,他们会害怕工作,会想尽办法逃避工作和消极怠工。

又如在婚恋关系中,两个相爱的人会随着时间的推移而慢慢变得生疏。因为在两个人的世界中,他们不得不面对柴米油盐酱醋茶之类的琐事,不得不承担车贷、房贷所带来的巨大压力,还要面对长时间相处带来的新鲜感丧失所产生的审美疲劳。

这种情况下,只要两人之间出现一点儿矛盾,就可能引爆火药桶,因为生活的压力让他们失去了对彼此的包容和理解。

我们在生活中往往会有诸多不顺，会经历各种挫折和失败，也会遭遇各种苦难和不幸，但这并不意味着苦难就是生活的底色，并不意味着人生就毫无乐趣可言。

我们需要积极转变思维，跳出悲观情绪看待人生，用乐观的、感恩的心态来面对生活。

美国社会心理学家费斯汀格提出了著名的"费斯汀格法则"：生活中10%的内容由发生在人们身上的事情组成，而另外90%的内容则是由人们对身上所发生事情的反应来决定的。

作家史蒂芬·柯维则在《高效能人士的七个习惯》一书中谈到了"90/10法则"。他认为生命的10%是由个人的机遇组成的，而剩下90%则由个人的反应和态度决定。

这两个法则告诉我们，生活并无好坏之分，或者说它本身是没有意义的，它的意义都是基于当下个人的主观看法。当个人在生活和工作中顺风顺水的时候，他就会认为自己的生活是美好的，世界是美妙的；当他经常处于困境中，甚至走投无路时，他就会认定生活毫无乐趣，人生也毫无希望。

生活的好与坏往往取决于人们对各种事情的反应，只要人们保持乐观的心态，生活就会阳光普照。

我们可以改变思维，不要总是想着生活从自己手里拿走了什么，而要多想一想生活赠予了自己什么。很多人抱怨工作偷走了自己的时间、精力、健康、家庭幸福，却忽略了一点：正是因为工作，我们才得以生存下去，才拥有更多的财富和更高的社会地位，才让家庭得以运行，才让自己获得了与这个世界的更多交集。

在我们抱怨生活的时候，应该看看自己从生活中获取了什么，这样有助于我们更加积极乐观地看待现在的生活。

我们不要总是为那些已经失去的东西感叹和惋惜，而应该为自己还拥有的东西感到庆幸。就像半杯水一样，悲观的人会因为自己只剩下半杯水而感到焦虑和苦恼，但是乐观的人会感恩生活还给自己留有半杯水。当一个人失去工作、失去爱情、失去发展机会的时候，最重要的不是感慨和抱怨生活的无情，而应该想一想生活还给自己留下了什么，比如自己还有最好的朋友，还有关心自己的父母，还有健康的身体。

当我们遇到不开心的事情时，不要总是纠结着不放，而应该多想一想那些让自己感到快乐的事情。比如当自己觉得工作很无聊，觉得爱情已经失去了意义，觉得人生一片灰暗时，可以扪心自问一下：上一次遇到让自己开心的事是什么？是因为什么喜欢上自己的工作的？是因为什么才选择和爱人在一起的？遇到了哪些令人开心的事情？

很多时候，我们应该尝试着寻回初心，就像我们最初进入职场时一样，或许是因为工作能让自己更加充实，更有成就感，工作让人意识到自身存在的价值。

我们也应该更多地回味生活中那些幸福的点滴，就像两个人吵架时，不要总是盯着别人的缺点和错误不放，也要想一想别人对自己的好，想一想两个人在一起的幸福时光。这样一来，我们就有了继续工作、经营爱情的动力。

总的来说，遇到挫折和不幸时，我们需要不断给自己一些正向的激励和引导，关注那些让自己开心的事情。

做人应该保持乐观，保持感恩。一个人只有心怀感恩，才能够真正把生活过得自在、通透。感恩生活不仅是一种心境，同时也是一种生活策略。

我们可以通过心态的调整和心境的提升，使自己在生活和工作中的表现更加出色。

　　有句话说得很好："生活并不缺少美，只是缺少发现美的眼睛。"同样地，人生也并不缺乏快乐，只是缺少发现快乐的心。想要让自己的生活更加快乐、更有趣味，就要主动挖掘生活中的乐事和趣事。我们可以将那些美好的生活片段以文字或者视频的形式记录下来，然后经常拿出来回味，以此来提升自己对生活美好的感知和体验。

◎ 拒绝完美主义，不在细枝末节上过度纠结

被人称为"最懂关系的心理学家"的胡慎之，在谈到人际关系时，曾将人际关系总结为三种基本关系，分别是"我和我自己的关系""我和他人的关系""我和社会的关系"。

在这三种关系中，人们通常将注意力放在处理与他人、与社会的关系上，而忽略了如何与自己打交道，如何关怀和调整自己的感受，因此，很多人会在处理"我和我自己的关系"时陷入困境。

完美主义就是其中一个典型。完美主义者往往对自己和周围的人有着近乎完美的要求，这些要求在某种程度上会摧毁他们的社交关系，并且给他们的生活和工作带来巨大的压力。

完美主义者往往有着精益求精的品质，但他们的问题也正在于此。由于眼里容不得一丝错误，容不得一点儿漏洞，所以他们会想方设法弥补所有的漏洞。当他们费尽心力将大部分工作做好之后，又会在一些细枝末节上继续"计较"。

从内心深处来说，他们认为只要存在一个小问题，这项工作就是失败的，就是毫无意义的。这时候，他们就会在细枝末节上纠结和挣扎，甚至深陷其中难以自拔。

> 某负责人带领一个研发团队研发一款新的科技产品。经过几年的努力，产品基本成型，各项功能指标都位于市场前列，其中还有很多新技术是市场上从没有出现过的，可以说，这款产品足够惊艳，投向市场后肯定会引起巨大的反响。可是负责人认为这款产品还存在一些小问题，虽然并不会对产品的使用产生太大的影响，但他觉得这些小问题会削弱产品的魅力。
>
> 为此，他一直要求团队成员不断打磨技术，尽可能解决那些小瑕疵。
>
> 就这样，团队又坚持了两年，可是产品仍然存在瑕疵。
>
> 这时候，大家都劝负责人赶紧推动产品的批量化生产，可是他还是坚持继续改进。结果不久之后，很多竞争对手抢先推出同类型的产品。团队很遗憾地错失先机，负责人只好决定放弃这款产品。

细枝末节固然有改进的意义，但过度沉溺在完美的设计中，只会让项目本身的发展陷入停滞。做人做事应该以大局为重，应该将关注点放在全局上。

我们应该接受一个事实：这个世界本就是不完美的，每个人的生活和工作也不是完美的，人们设计的工作方案、人们创造的先进技术、人们提供的良好服务，都不会是完美无瑕的。即便是再出色的设计也存在不足，即便是再合理的想法也存在一些漏洞。可以说，缺憾就是世界的真相。

很多时候，人们对于"美"、对于"好"会产生误解，认为完美的东西才是好的、才是美的、才是有价值的。但"好"和"美"并没有一个固定的标准，不同的人对两者的感知和体验不同，甚至层次也不一样。以完美来定义它们并不合理，真正美好的东西都是有缺陷的，甚至可以说，很多东西正是因为存在缺陷和不足，才让人觉得美好。就像大家对人的评判一样，各方面都很出众的人往往让人难以记住，反而是身上有一些突出缺点的人，形象才更为丰满。在现实生活中，人们所认为的"美好事物"，都具有一定的缺陷，正是那些缺陷带来了美的体验。

周先生喜欢清幽干净的生活，于是就买了一栋拥有独立院落的房子。院子里还有一棵大树，每年到了春天，大树就长满绿叶，让整个院子生机勃勃，他非常享受这样的环境。可是到了秋冬季节，他的烦恼也随之而来，因为树上的叶子会一片片飘落下来。他每天早上都要起个大早，拿扫帚清扫院子。可是刚扫完一会儿，又有几片叶子落在地上，他只好接着扫。结果他一整天什么事都没干成，就只顾着扫落叶了。

邻居看他一天忙到晚，好心提醒道："你的院子已经很干净了，完全没有必要一直清扫。就那么几片树叶，不用太当回事。再说了，叶子落在院子里不是更有秋天的意境吗？"听完邻居的话，周先生恍然大悟，于是不再继续扫落叶。

人生可以有多种形态和层次，也可以有多种经营模式，但无论自己处在哪一个层次，无论自己以何种模式经营人生，最终都不会完美，因为组建这个世界的所有要素本身就不是完美的。此外，我们在主观上也无法创造一个完美的世界，毕竟恐怕连我们自己也不知道完美的标准是什么。就像一件产品，人们对于它的功能可以做出各种设想：一辆完美的汽车是怎样的，是开得最快、最稳、最省电，还是能在陆地跑、在水上漂、在天上飞，或者还可以实现隐身？只要还有设想的空间，汽车的设计就永远达不到完美。

完美没有标准也没有界限，在一些细枝末节上过分纠结，并不是实现完美的好方法，也不能真正带来更好的体验，反而会让原本简单的事情变得更加复杂，徒增更多烦恼。与其在挣扎中折磨自己，还不如放宽心，坦然接受生活中的各种不完美。

只要努力做事，享受生活，那么我们就可以在缺陷中感受到不一样的风味。

◎ 把每一次挫折当成一次历练

人生不可能一帆风顺，在成长的道路上，每个人都会遇到各种不幸，都会遭受各种困境和失败，而一个人面对挫折的态度直接决定了其成长的速度。

当一个人在挫折面前选择妥协、逃避和恐惧时，挫折就会成为拦路虎，阻挡其变大变强。而那些主动面对挫折，把挫折当成历练的人，却可以在挫折中变得更加强大。

很多时候，打倒我们的并不是外界的压力，而是自己脆弱的心。人们面对挫折时产生的恐惧会直接摧毁自己的心理防线。如果对社会的发展历程进行分析，就会发现每一次出现金融危机或者产业危机，都会淘汰一大批创业者。无论是2002年前后的互联网寒冬，还是2008年的全球金融危机，都有一大批行业参与者惨淡退场。与此同时，也有少部分人在危机中坚挺下来，并且迅速走向成功。

为什么会这样呢？就是因为多数人在挫折中丧失了斗志，缺乏坚持下去的勇气，也缺乏东山再起的魄力，只有少部分乐观派最终成为行业的领头羊。

没有人喜欢遭遇失败，没有人希望自己遭遇各种挫折，但不可否认的是，任何人的成功都是建立在挫折的基础上的。挫折就像是人生的营养物质，一个人遭受的挫折越多，对挫折的抗压能力越大，对成功的渴求就越强烈，并且从挫折中获取的经验和能量也越多。

正因为如此，我们需要正视挫折的价值和意义。在挫折面前，千万不要轻易放弃，不要轻易气馁，而是乐观地接纳它的存在，坦然接受生活的鞭打，使其成为磨砺和提升自己的重要工具。

正如《钢铁是怎样炼成的》的作者奥斯特洛夫斯基所说的那样："钢是在烈火和急剧冷却里锻炼出来的，所以才能坚硬和什么也不怕。我们这一代也是这样在斗争和可怕的考验中锻炼出来的，学会了不在生活面前屈服。"

某公司的市场销售遭遇了困境，于是公司高层准备任命谢经理为新的市场部总经理。这一决定在公司内部引起了巨大的争议，大家都对这个新的市场部经理持怀疑态度，毕竟谢经理在工作中一直走得很不顺，晋升之路也非常坎坷。在他担任部门主管期间，部门内部更是出现了多次危机，虽然危机最终都解决了，但足以表明他的管理能力有很大的欠缺。

对于内部出现的质疑声，公司高层给出了自己的理由，原来他们看重的就是谢经理相对坎坷的人生履历。经历了如此多的挫折，他却依旧可以保持良好的工作状态，这恰恰证明了他拥有强大的内心，公司市场部正需要一颗强大的心脏来引导团队渡过难关。

> 不仅如此，这样一个在挫折中坚持的人，对公司内部的问题比任何人都更加清楚，这些经验可以帮助公司躲避很多风险，同时也能为公司提供更多解决问题的办法。
>
> 事实也证明了公司高层的眼光，自从谢经理上任之后，公司的销售业绩在半年之内增长了70个百分点，公司一下子就走出了困境。

如果我们想要找到应对挫折的方法，那么首先应该积极改变对挫折的看法，将其当成人生历练的一部分，当成成长的催化剂。作家詹姆斯·艾伦在《人的思想》一书中这样说道："一个人会发现，当他改变对事物和其他人的看法时，事物和其他人对他来说就会发生改变——如果一个人把他的思想朝向光明，他就会吃惊地发现，他的生活受到很大的影响。人不能吸引他们所要的，却可能吸引他们所有的……能变化气质的神性就存在于我们自己心里，也就是我们自己……一个人所能得到的，正是他自己思想的直接结果……有了奋发向上的思想之后，一个人才能兴起、征服，并能有所成就。如果他不能奋起他的思想，他就永远只能衰弱而愁苦。"

当人们尝试着用更加积极的心态去看待挫折时，就会产生更加积极乐观的情绪，认真面对自己的失利，并且主动复盘，总结经验，为下一次的行动蓄力。

孟子说过："天将降大任于斯人也，必先苦其心志，劳其筋骨，饿其体肤，空乏其身，行拂乱其所为，所以动心忍性，曾益其所不能。"一个人想要变得更强,想要获得更多的能量,想要走到更高的位置上,就要一路摸爬滚打,就要一路披荆斩棘,就要接受各种挑战和磨炼。失败和挫折并不是无意义的,它们有助于我们更好地纠正、完善和提升自己的能力,推动我们一步步走向成功。

除了保持更加积极乐观的心态之外,我们在面对挫折时,还要保持必要的迟钝。

日本作家渡边淳一曾经写过一本书——《钝感力》。在这本书中,他提出了钝感力的定义:"所谓'钝感力',即'迟钝之力',亦即从容面对生活中的挫折伤痛,而不要过分敏感。当今社会是一个压力社会,磕磕绊绊的爱情、如坐针毡的职场、暗流涌动的人际关系,种种压力像有病毒的血液一样逐渐侵蚀人的健康。钝感力就是人生的润滑剂、沉重现实的千斤顶。具备不为小事动摇的钝感力,灵活和敏锐才会成为真正的才能,让人大展拳脚,变成真正的赢家。"

按照渡边淳一的说法,一个人应该在逆境中保持淡然的心态,不要因为一时的失利就产生自我怀疑、恐惧、绝望的情绪,而应该尝试着让自己与挫折感隔离开来,就像什么事情都没发生一样,从而形成一种独特的自我保护机制。当我们不那么害怕挫折时,挫折对我们的负面影响也会慢慢淡化,这有助于我们重拾信心。

还有一点,我们要坚定自己解决困难的信心和决心,相信自己有能力克服困难,让自己很快重回正轨。同时也要相信一点:这个世界上的痛苦和失败并没有想象中的那么严重,很多时候,恐惧感让人们在主观上放大了挫折的破坏力。只要找回自信,及时缓解心理压力,就可以及时摆脱挫折带来的伤害。

◎ 相信困难是暂时的，一切都会雨过天晴

在公司被老板责骂了一顿，或许不久之后就会被老板辞退；银行不断打来电话催贷；水费、电费、燃气费的缴费单也陆续发到手机上；女朋友对自己越来越冷淡，自己打过去的电话也不接；家里的老人生病住院，身体越来越差……

很多时候，人们会陷入类似的困境之中，生活、爱情、工作没有一样是顺心的，各种各样的压力压得人喘不过气。这时候，人们很容易陷入崩溃，看不到任何希望，感受不到任何生活的乐趣，然后开始自暴自弃。

2022年，有一位送外卖的中年人，在深夜里同网友分享了自己的生活经历，说着说着竟然失声痛哭：他的工作压力很大，收入却很少，别说养家糊口了，就连养活自己也不容易。在诸多压力之下，这个原本坚强的男人绝望地说了这样一句话："人生太苦了，下辈子再也不来了。"

无独有偶，一个大学毕业生由于找不到合适的工作，只能选择送快递。在忙碌了一天之后，他还要在夜间做代驾，以至于每天都要花费十几个小时用于工作。可即便如此，他也攒不够房子首付的钱，和女朋友的婚事也是遥遥无期。面对残酷的现实，身心俱疲的他只能选择不辞而别，以这种最绝望的方式与女友分手。

对普通大众来说，生活从来都不是轻松的，生活中的苦难比想象中的更多，比想象中的更苦。

有时候，无论人们怎么努力，都很难让自己脱离困境，没有办法找到更好的出路，这些困境和挫折往往让人感到无助。不过，生活并不总是阴天，并不总是坎坷和挫折，人们所遭遇的那些困难往往是暂时的。

一个人不可能总是处在失业之中，总能够等到合适的机会；一段感情出了问题，并不意味着这辈子都找不到真爱，只要有心，终究还是可以遇到有缘人；暂时陷入贫穷中，也不意味着一辈子都只能在贫困中挣扎，只要努力奋斗，还是有机会改变自己的命运。

生活所设置的种种困难、挫折和障碍，都只是暂时的，只要人们想办法克服内心的恐惧，积极跨过难关，就可以等到阳光高照的那一天。就像人们必须经历春、夏、秋、冬四个季节一样，只要熬过了寒冬，就可以等到春暖花开的日子。生活或许很苦，但不会一直苦；生活或许很难，但不会一直难。人生包含了各种变数和意外，同时也包含了各种转危为安的契机。

> 王先生创办了一家能源公司，并且成功在香港上市。可是随着大环境的变化，相关行业越来越不景气，很多企业纷纷倒闭，一些企业家为了减少损失，开始出售公司。那段时间，王先生的公司非常不景气，市场萎缩了30%，公司的股价从每股43元一路下跌到每股14元。很多人都建议王先生趁早卖掉股票，要不然等到经济更差时，就难以套现离场。

> 面对大家的好言相劝，王先生倒是表现得很淡定。他觉得整个行业并没有进入下行期，只不过是国际金融的波动引发了行业暂时性的危机。他相信这种波动最多只有两三年时间，只要挺过这两三年，行业环境就可以得到改善。
>
> 事实果真如此。两年之后，市场环境开始好转，整个行业进入发展的快车道。王先生公司的营业额在之后的一年时间里竟然增长了330%。更令人惊叹的是，公司的市值在5年内翻了20倍。

20世纪80年代后期，心理学家在研究抗逆力时，认为抗逆力具有三种基本形态。

第一种是克服艰难的能力。简单来说，人们可以凭借内在的信念和身体免疫机能来化解生活中遭遇的危机。

第二种是克服压力的因应能力，主要是指个人的适应与应变能力。人在面对压力时，为了避免自己受到伤害，会选择做出一些适应性行为，减缓自己与外界的摩擦。

第三种是创伤复原的能力，包括人们克服挫折的成功经验、心理自动康复的能力、构建成功的因应能力等，都可以有效地帮助人们恢复心理健康。

按照这三种基本形态，我们可以从中找到解决困难的方法。

首先，我们在面对困境时，一定要相信自己可以找到解决问题的办法，一定可以找到突破困境的路口。西方有句谚语："上帝每制造一个困难，就会同时制造出三个解决它的方法。"简单来说，就是方法总比问题多。在困难到来的时候，不要恐慌，更不要轻易放弃，我们应该认真分析问题，想办法解决问题。只要内心足够强大，只要保持足够的自信和耐心，就可以逐步找到解决问题的办法。

其次，一定要明白生活的底色并不是灰暗的，虽然人生会有各种挫折，但也会有快乐和成功。简单地认为生活就是糟糕的、无意义的，这本身就是一种非常片面的观点。人生的旅程就是不断在高峰和低谷之间来回波动的，正因为如此，深陷困境中的人更应该对自己的生活和人生抱有乐观的态度，要相信在不久的将来，一切不如意都会过去。只要自己调整好心态，直面困境，就可以在更加轻松的状态中迎来更美好的生活。认识并适应波动的人生，这是我们克服困难的关键。

最后，我们要提升创伤复原的能力，比如，当危机到来的时候可以告诫自己"我过去遇到过比这个还要艰险的情况，但我还是扛过来了""据我所知，这些糟糕的事情很快就会过去的，过去如此，现在也会如此"，也可以告诉自己"这些困难和挫折根本不算什么，也无法影响我对未来美好生活的把握"。通过过往的经验及对事实的分析，我们可以更好地推动自己尽快从困境中走出来。

"山重水复疑无路，柳暗花明又一村。"生活本身就存在自愈的能力与空间，我们只需要保持良好的心态，以更加乐观、更加包容的心态来面对生活。

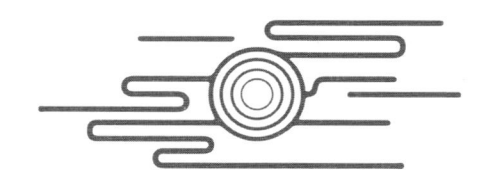

第 7 章

真正的简单,
在于难得糊涂

◎ 主动求人，让别人产生被需要的感觉

有家知名公司的总裁，每次回到家总是记不起自己的衣服放在哪里，也记不住咖啡究竟要加多少糖，感冒了也不知道应该吃什么药。为此，妻子总是埋怨他那么大一个人了，还不会照顾自己。正因为如此，家里的一切都是妻子安排。不仅如此，每天中午，妻子都会亲自做好午餐送到公司。

很多人都很疑惑，在他们眼中，总裁是一个非常聪明的人，在商业领域更是才华横溢，无论是日常管理，还是商业运营和业务谈判，他都可以应付自如，为什么在家里就会表现得判若两人呢？

对此，总裁非常幸福地说："我平时在公司里很忙，我妻子老是觉得自己帮不上什么忙。在家里我这不会那不会的，她就会意识到自己还能照顾我、帮助我，完全可以扮演一个好妻子的角色，夫妻关系不就可以更加和谐美满嘛。"

不得不说，这位总裁是一个处理夫妻关系的高手，只不过他的高明之处不是展示自己的完美，而是在妻子面前适当装糊涂，努力展示自己柔弱的一面，从而让妻子产生被需要的感觉。而这种互相需要的感觉就是美满婚姻关系的促进剂。

在经营人际关系的时候，往往需要双方共同付出。一段和谐的关系，往往建立在双方各自需求得到满足的基础上。因为这时候，双方的利益、情感、精神会有更深入的交融，彼此之间的关系自然更加稳定、和谐。

很多时候，人们总是想着表现出更好的一面，总是想着在别人面前证明自己，并通过这种证明强调自己可以经营好这段关系，或者试图说服对方配合自己经营好这段关系。但是这种自我强化的模式很容易将事情复杂化，提升社交的难度。比如，人们不得不花费大量时间和精力提升自己、完善自己，努力在人前维持良好的形象，结果给自己增加了许多压力和负担。这种模式不仅徒增麻烦，还很容易弄巧成拙，给对方施加很大的压力，打破人际关系原有的平衡。

所以真正聪明的人，都善于藏拙，善于示弱，懂得适度隐藏自己，甚至主动寻求帮助，让他人产生"我被需要，我有价值"的感觉，这样就形成了一种互助互补的关系属性。

在家庭关系、夫妻关系中，这类装糊涂的方法往往可以增强和促进家庭成员之间的感情。同样地，在处理社会关系，尤其是职场关系时，装糊涂也不失为一种高明的社交方法。

比如在企业管理中，许多领导常常表现出"无所不能"的样子，经常对员工进行各种指导，制订详细的规划，让员工按照自己的方法去执行。虽然这种领导费尽心力，然而通常情况下，他们和员工之间的关系并不融洽，因为员工在这段关系中缺乏话语权，而且无法认识和挖掘自己的价值，总体上显得压抑。

与之相反，有一种聪明的老板懂得适时示弱，甚至假装糊涂。他们会告诉员工，自己哪里不行，需要获得员工更多的支持和帮助，他们会传递出明显的"求救"信号。而这种时候，员工自我价值的认同感和主人翁意识会得到激发，他们在工作中也会表现得更加卖力。

> X先生在升任某公司的总经理后，发现员工的工作积极性并不高，对于公司中一些重要工作的参与度也偏低，更重要的是，他觉得员工的自信心普遍偏弱，这直接导致了他们工作状态不佳、效率低下。
>
> 为此，X先生想了一个办法，他每天都去车间向员工们请教机器运转和维修的问题，又主动让工程师为自己演示机器操作的方法。
>
> 助理觉得非常奇怪，X先生明明是机械工程系专业的高才生，在之前的工作中更是负责机器的研发，对机器运转中出现的各种问题非常了解，为什么还要去请教他人呢？
>
> X先生非常谦虚地说："那些身处一线的工程师和员工肯定比我更了解机器，我要做的就是让他们感受到自身的价值，这样他们才会意识到自己有多出色。"
>
> 事实也正是如此，经过一段时间的接触，X先生发现员工的工作积极性越来越高，一些员工还主动找到自己，聊关

> 于新技术、新产品的研发方向，而这无疑让整个团队变得越来越有活力。

在社交关系中，人们经常会忽略一个概念：安全感。这里所说的安全感，在某种程度上来说就是一种被需要的感觉。

只有当一个人产生被人需要的感觉时，才能挖掘出自我存在的价值，并且对接下来的社交关系抱有很高的期待和强烈的兴趣。而一个人意识到自己在一段关系中扮演可有可无的角色，他就会丧失积极性。这时候，双方之间的沟通和交流就容易出现问题，人与人之间的关系就会变得复杂和脆弱。

想要提升他人的安全感，就要懂得装糊涂，满足他人价值呈现的需要。一般来说，装糊涂的策略包含以下两种常见方法。

最常见的就是明知故问。简单来说，就是当他人阐述某一件事，或者讲述某一个道理的时候，人们在了解因果关系，知晓利害关系，明确事情走向的前提下，仍旧积极提问，假装自己"不明白""不了解"，希望获得对方的明示和指导。这种做法会让对方产生很大的满足感和自我存在感，还可以加强和深入彼此之间的交流。

明知故问的人喜欢问"为什么"，并通过多个类似的提问提升对方的信心和兴趣，从而引导双方的对话越来越深入、气氛越来越和谐。

另一种方法就是降低自己的姿态，刻意求助。一般来说，就是降低自己的姿态，主动突出对方的价值和能力。

比如，在装修时，丈夫可以告诉妻子："说到装修，男人的审美似乎比不上你们女人，还是你来挑选吧。"在做项目决策的时候，领导可以告诉员工："我想了几个方案，感觉都不够好，我觉得你们应该有更好的方案。"

这样的表现方式可以凸显自己的低调、谦逊，并在无形中拔高对方的层次和价值，通常能够有效促进彼此之间的关系，双方的交流会变得更加轻松、愉悦。

总的来说，我们在经营人际关系的时候，不要总是将注意力集中在如何展示自我价值上，有时候应该积极转变策略，在自我提升的同时假装糊涂，隐藏自己的实力，积极凸显他人的价值。

这样做往往会使自己活得更加轻松、通透，对人际关系的掌控也会更加随心所欲、得心应手。

◎ 懂得包容别人的错误

  有个企业家为了提高团队的竞争力，四处招揽优秀的人才。不久之后，朋友向他推荐了×××，据说这个人在计算机领域有着非常出众的能力，在圈内小有名气。企业家很快就花重金把×××请到公司，让他负责新产品的研发。没过多久，研发工作就取得了进展。

  有一天，秘书找到企业家，隐晦地对×××提出了批评。他认为×××的私德有很大的问题："您知道吗？他每次来，都会从您这儿拿走一包烟。"

  企业家漫不经心地回答道："是的，我知道。"

  秘书有些吃惊，然后直接说出了自己的想法："既然您也知道这些事，为什么还要留下他，并委以重任呢？像这样一个贪图小便宜的人，根本不值得您关注。"

> "是吗，但我并不这样认为。在我眼中，他是一个技术专家，一个可以解决公司研发困境，把公司的竞争力带到更高层次的人才。至于其他事情，谁在乎呢？"

这位企业家就是一个装糊涂的高手，在面对自己渴求的人才时，他并没有将注意力放在员工的缺点和错误上。在他看来，这些所谓的不足之处并不会影响员工的工作效率，也不会对公司的形象造成严重损害，因此选择直接忽视。

在日常生活和工作中，人们都会按照自己的标准和原则开展社交活动。无论是对于朋友的选择，对于伴侣的选择，对于合作伙伴的选择，还是对于员工的挑选，都有一套标准，并且针对不同的人所设置的标准也不一样。比如，有的人待人严苛，对他人各个方面都有很高的要求，而且不能容忍那些犯错的人；有的人相对宽和，他们不太注重一些细节上的东西，相比他人身上的不足之处，他们更加关注他人身上散发的吸引力。

那些待人宽和的人更善于与人打交道，更懂得如何处理好人际关系。在他们看来，根本没有必要对他人有太多苛刻的要求。俗话说"水至清则无鱼，人至察则无徒"。

这个世界上不存在绝对美好、绝对理想的环境，再好的地方也会存在一些不合理的行为，也会存在一些心存恶念的坏人。当一个环境被净化到毫无污点时，或许本身就不适合生存了。同样地，这个世界上不存在绝对完美的人，只要是人，就会存在缺点，存在欲望，就可能会犯错。

如果一个人对他人要求过分严格，总是希望对方完美无瑕、毫无缺陷，那么这个人就很难结交到朋友。

此外，待人宽和的人认为人与人之间的相处和互动，要注重互动的价值和意义，如果彼此之间的互动可以带来更大的利益，那么为什么非要在一些小问题上指责对方呢？就像那些会做生意的人，只要双方的合作可以实现双赢，就不会在意合作伙伴是不是喜欢喝酒，是不是经常熬夜玩游戏。

夫妻之间的相处也一样，只要两个人可以融洽相处、共同经营好这个家就行了，至于对方睡觉打呼噜、做事慢、长相普通等，就不那么重要了。

真正善于处理人际关系的人，做事情往往会睁一只眼闭一只眼。睁一只眼是为了看清这个世界，发现世界的美好，发现别人身上的闪光点，寻求更好的发展机会，同时保持必要的精明和警惕，防备潜在的风险；闭一只眼则是为了适当装糊涂，在一些无关痛痒的事情上保持包容，不以严苛的标准约束身边的人和事。

懂得闭一只眼的人，往往拥有更高的情商。他们不会僵化地执行某种标准，不会被所谓的规则彻底束缚，能够包容他人身上的不足，包容他人犯下的错误。

通过观察可以发现，那些善于包容他人过错，忽视他人缺点的人，往往更能够处理好与他人之间的关系。他们往往可以赢得更多人的尊重和信任，可以获得更多的认同，也能够在一些关键事务上赢得更多的支持。他们在生活和工作中往往会面临更小的压力和阻力，能够把复杂的人际关系变得简单，能够提高自己在人际关系圈中的影响力。

忽视他人的缺点，包容他人的错误，并不是简单地视而不见。包容心往往建立在正确的社交思维和认知模式基础上。

首先，在面对他人的不足和错误时，我们需要在社交上保持适度的弹性。比如平时要主动发现他人身上的优点，尤其是他人身上最大的优点。挖掘他人身上的闪光点，赞美他人身上的优势，这样做有助于我们对他人的错误保持包容。

其次，我们需要辩证地看待他人的缺点和错误，因为一个人的缺点与优点往往是相辅相成的。当我们批评他人的缺点时，可能恰恰忽略了他人的优点。比如有的人冲动、感情用事，但这样的人往往更加真诚，更容易与人坦诚相对；有的人非常内向，不擅长社交，平时沉默寡言，但这样的人可能更善于思考，他们会将精力集中在思考问题、分析问题上。在批评他人的缺点和错误之前，不妨想一想这些所谓的缺点是不是反向体现了个人的能力和品德。

需要注意的是，包容并不是不讲是非、不讲原则。那些装糊涂的聪明人在处理人际关系时，往往有自己的评判方式和评判原则。比如在大是大非面前，绝不装糊涂，不纵容别人犯错，尤其是涉及价值观和世界观时，确保对方守住底线。又如，在一些关乎全局、可能会威胁整体利益的关键事件上，他们会保持足够的谨慎，一旦对方的行为可能对整件事产生严重的负面影响，对自己的利益产生很大的损害，就会及时加以制止和批评。

◎ 吃亏是福，懂得让利于人

香港首富李嘉诚曾经这样告诫儿子李泽楷："我和别人合作，如果拿七分合理，八分也可以，那么我只拿六分就可以了。"

李嘉诚之所以能成为富可敌国的成功商人，就是因为他做生意从来不会独自获利，而是懂得将利润分一部分给别人。

这样做使他赢得了更多合作伙伴的尊重，同时也打开了更多的渠道。

让利是一种策略，更是一种境界。只有那些看得更远、想得更全面的人，才能够真正做到让利于人。"天下熙熙，皆为利来。天下攘攘，皆为利往。"

利益是生活和工作中非常重要的内容，也是人们生活和工作的重要任务。人生在世总是离不开物质上的需求，利是维持基本生活的元素。

如果没有物质保障，个人的生活就无法顺利展开，甚至会陷入困境。但是追求利益也需要讲究分寸、讲究方法，过分看重利益的话，容易被欲望束缚，迷失自我。让利就是其中一个比较高明的策略。

让利是指人们不沉迷于眼前的利益，不被小利益所迷惑，而是通过满足他人的利益或者向别人分享自己的利益，来赢取得利的机会。相比斤斤计较、工于心计的取利模式，主动让利可以让原本复杂的局面变得简单。

有家公司陷入了发展瓶颈，一直难以突破，而且当前的市场也面临着被竞争对手不断蚕食的风险。为此，公司的董事会在短短一年时间内更换了三任总裁。但频繁的变更管理者并没有给公司带来什么改变，反而让公司内部的管理更加混乱。就在这时候，原本负责市场开发的王经理被推到总裁的位置上。

王经理上任后，并没有像前几任总裁那样要求大家加班加点，也没有将工作重点放在如何与客户议价上，而是提出了一个方案，那就是每年年终的时候，把公司利润中的10%拿出来分给客户。方案一提出，大家都不同意，董事会也明确反对，毕竟公司目前的发展并不好，利润也很微薄，分出去一部分的话，公司的资金就更加紧张了。

但王经理认为，企业的发展和市场的扩张，并不能完全依靠技术来实现，而是要依靠客户来支撑，越是发展困难的时期，越是要重视客户的价值。

经过激烈的讨论，董事会同意让王经理尝试一下。王经理毫不犹豫地推行了让利策略。虽然公司单个产品的利润被压缩，但是客户提供的订单不断增加，整体的收益得到了快速增长。

为什么王经理可以在短时间内改变公司发展不利的情况呢？原因就在

于让利。通过每年的利润分红，客户得到了实实在在的好处，因此他们更愿意与公司建立稳定的合作关系，不断提供更多的订单，而这直接推动了公司的产品销量，提升了占有率。

在谈到利益分配和争取的时候，存在一种常见的思维，那就是"零和博弈思维"。所谓零和博弈，简单来说，就是参与竞争的各方总收益为零，一方收益必定意味着另一方损失。

零和博弈思维就是一种非合作思维，人们会觉得参与竞争的各方不存在合作的可能。比如很多人认为，市场上的"蛋糕"（利益）是固定的，别人多吃一口就意味着自己少吃一口，所以为了保证自己的利益最大化，就会想办法争夺利益。

零和博弈会将人们的发展束缚在狭隘的范围内，实际上，市场是可以不断扩容的，只要利益各方携手合作，就能够把蛋糕做大，从而确保各方的收益同步增长。那么如何实现大家的共同成长和共同发展呢？最简单的方法就是让利，通过让利满足对方的利益增长需求，以此来强化合作关系，扩大市场容量。让利的人看起来很糊涂，牺牲了短期利益，可是从长远发展来看，让利的行为却为合作奠定了基础。

美国思想家、文学家爱默生说过："人生最美丽的补偿之一，就是人们真诚地帮助别人之后，同时也帮助了自己。"让利的人表面上吃了亏，实际上为自己赢得了更大的便利。

让利行为不仅可以协调各方的利益，创造合作的空间和机会，还能减少彼此之间的矛盾冲突，缓解各自的精神压力，避免被过多的得失心捆绑。

在日常生活中，很多人都喜欢斤斤计较，常常因为一些微薄的利益与人发生冲突，或者对一些小利益耿耿于怀。过分执着于一时的得失导致他们活得很累，以至于每天都在算计别人，每天都在担心自己的利益会受到侵犯。

这样的人往往被周围的人所排斥，以至于他们不得不想办法防备周边所有人，徒增压力和烦恼。

《韩非子·说林》中说："巧诈不如拙诚。"让利就是一种拙诚，看起来是糊涂，实际上是一种高情商的表现。如果细心观察，就会发现生活中那些主动让利给别人的人，都有"吃亏是福"的心态。在他们看来，眼前微小的利益根本无足轻重，得到或者失去都不会影响自己的生活质量。

为了处理好人际关系，减少不必要的人际纠纷，也为了让生活少点儿怨气和烦恼，他们会通过让利的方式来消除潜在的风险。

人生如棋，"忍一时风平浪静，退一步海阔天空"，主动让利的人懂得退让，懂得吃亏，他们往往因此拥有了更广阔的生活空间，可以在人生的棋盘中进退自如。

◎ 做人糊涂一些,不要事事都弄明白

小丽自认为很爱丈夫,她希望了解丈夫的全部,对于丈夫的一举一动,她都格外关注。只要丈夫一回来,她就会不断追问,想要弄清楚他今天去哪里了,见了什么人,做了什么事,和别人在一起说了什么话。不仅如此,她每天晚上还要查看丈夫的手机,看看今天他和谁聊天了,具体聊了什么内容,聊了多长时间。

小丽觉得自己所做的一切都是为了维护这个家庭。可事实上,丈夫对此有很多怨言,他觉得自己就像一个受到监视的坏人,做什么都不自在。更重要的是,妻子的无理取闹经常让他在同事和朋友面前难堪,他为此承受了巨大的压力和痛苦。在这种状态下,两人几乎每天都会争吵,最终不到两年就离婚了。

> 反观小丽的闺密小霞，虽然她也希望能紧紧抓住丈夫的心，但她采取了与小丽不同的做法。她没有想过监督丈夫的日常活动。在一些生活大事上，她希望丈夫可以与自己商量，两个人一起解决。而在一些生活小事上，她就显得特别开明，不会过度干涉丈夫的生活和社交。有时候，丈夫想和朋友一同出去钓鱼，怕她不高兴就会撒谎说出去走走，她也不动怒，只是嘱咐丈夫下午4点之前必须回来。丈夫喜欢喝酒，有时候偷偷跑到楼下喝几口，她知道了也不说破，只是让儿子下楼喊他回家吃饭。这些年，丈夫偷偷藏了一些私房钱，她也没有查账。小霞觉得男人应该有自己的私人空间和生活，女人不要过分干涉，只要男人的行为不会影响感情和家庭，就没有必要事事都弄清楚。正因为如此，结婚十几年了，两人从来没有吵过架，感情非常好，家庭幸福和谐。

一个人越是精明，越是想要掌控一切，那他的生活就越是充斥各种各样的烦恼，周围会不断给他施加更多的阻力和压力。这些阻力和压力很可能会影响个人的生活、工作质量，并导致自己与周边的人产生更大的冲突。

无论是婚姻关系、家庭关系、上下级关系，还是同事关系，都有可能出现类似的情况。一个人如果太精明、太算计，就可能会涉及对方的隐私问题，给对方带去难堪，也给自己带来更多的麻烦。

做人有时候还是应该糊涂一些，不该知道的事情不要去了解，别人不说的事情不要执着地去挖掘真相。

与人相处时，注意给彼此留下更多的私人空间，注意保护自己的隐私并尊重他人的隐私。有时候即便知道了真相，也要揣着明白装糊涂，不要把事实真相说出来。

此外，生活中有些事情本身就是无关紧要的，没有太多深挖的价值，了解或者忽略它们，并不会对自己或者他人的生活产生什么重大的影响，也不会对事情的发展起到推动作用。此时，不妨本着"多一事不如少一事"的原则，少给自己增添麻烦。

在这方面我们可以向东晋大诗人陶渊明学习，陶渊明读书就强调"好读书而不求甚解"的理念。原因很简单，很多知识本身就不值得深入探讨和挖掘，如果学习者遇到一个知识点就深挖到底，可能会严重影响自己的学习效率，会将大量时间浪费在一些没什么价值的知识点上。随着学习的深入，整个学习过程可能会越来越枯燥，学习的兴趣也会不断下降。

为人处世就是如此，有时候糊涂一点儿、随意一点儿，主动给自己留下放松的空间，才能更洒脱、更轻松。

糊涂并不是一种愚笨的表现，也不是罔顾真理和原则，更不是事不关己高高挂起，置身事外。真正聪明的人，在为人处世方面更有分寸，更加睿智。他们会在重要的事情上保持应有的专注和责任心，会努力了解事情的前因后果，而在一些无关紧要的事情上，会表现出自己的豁达和包容。他们是典型的大事不糊涂，小事不较真，不仅可以很好地处理人际关系，也能确保自己的生活始终张弛有度。

作家苏岑说过："我们总是太过理智，所以过得并不开心。当每件事情都细想前因后果、推算成败得失，生活不再有意外，也就难有惊喜了。"

生活不应该是紧绷不放的，它应该有自己的温度，有自己的成长空间，有自己独特的运行法则。人们想要了解一切，但这个世界上的很多事情本身就无所谓对错，也无所谓真相。所以，我们没有必要计较得太多，有时候知道得越多，反而越容易背负压力。

生活需要一点儿意外，需要一点儿计算之外的成长空间，这样对自己、对他人都好。

有人对此做过一番形象的描述，他说人生就是自己与周围的亲人、爱人、朋友、同事一起玩游戏，如果一个人把游戏规则和游戏成功的方法完全掌握了，那么游戏也就失去了乐趣，大家最终都不愿意和他玩了。

最好的游戏应该是一知半解的，只有这样才能吸引更多的人加入，只有这样才能在游戏中制造更多的惊喜。所以，做人傻一点儿、笨一点儿、糊涂一点儿，人生才能像游戏一样正常运转。

◎ 不要害怕在人前展示自己的弱点

国学大师季羡林说过:"人生在世,有时的确需要聪明,但更少不了糊涂。"

一个人如果活得太计较、活得太认真、活得太聪明,那么可能一辈子都会活得很累。比如很多人在日常生活中会表现得很完美,为了在他人面前展示最美好的一面,为了给他人留下最美好的印象,他们格外注意自己的一言一行,非常注重打扮,无论做什么都会努力表现得更好。但这样做难免会给人"端着"的感觉,而且也在无形中给自己和他人增加了生活的负担和压力。

比如,很多女人上了年纪,肤色不太好,或者皮肤相对松弛,就会花费大量时间化妆。为了让自己看起来更加年轻,她们还会斥巨资整容,并且花费更多的时间和精力来维护。

虽然人人都有爱美之心,但过度执着于此则没有必要。过分修饰和掩藏并不能真正让自己更年轻、更健康、更有魅力。

对于容颜的焦虑,对于身材走形的烦恼,只会让自己陷入更大的虚荣和痛苦之中。随着年龄的增加,她们需要更频繁的化妆,需要化更浓的妆,需要做更大的整容手术,需要更加担心有朝一日会"原形毕露",自然也就需要承受更大的压力和痛苦。

人们常说:"每撒一个谎,就需要成百上千个谎言去圆。"

当一个人试图掩饰自己的缺点时,同样也需要做千百件事来确保自己的缺点不会被人发现,这样只会让自己陷入更大的烦恼之中。既然如此,倒不如坦然接受自己的衰老,坦然面对自己日益走样的身材和下滑的颜值,这样反而活得更轻松、更自由。

有个女明星每次在参加重要的影视剧宣传活动或者电影节时,都坚持素颜出镜。

有人善意提醒她注意形象,因为很多摄影师会故意放大她脸上的皱纹和斑点,另外她的眼睛偏小,很容易被摄影师针对。他们建议这个女明星和其他明星一样,多花点时间化化妆,有必要的话可以做一下微整形手术。

面对大家的好意,女明星表现得很坦然:"父母给了我这样的外形,我有什么好挑剔的?再说了,化妆实在太麻烦,不仅浪费时间,还要担心化妆品伤害皮肤,担心妆容不好,而且卸妆后自己又会恢复原状。与其那么麻烦,还不如保持素颜,或者化一点儿淡妆。"

不仅如此,这个女明星每次参加活动,都表现得很自然,一举一动、一颦一笑,丝毫不忸怩作态,没有任何偶像负担,给人一种真诚且亲和的感觉。

她认为一个明星最重要的是靠作品说话,而不是单纯依

> 靠长相。正因为这种洒脱，她在影视剧中也毫无偶像包袱，表演非常自然，对角色的揣摩非常到位，因此连续多年被评为最受欢迎的女明星。

没有人是完美的，每个人都有优点也有缺点，没有必要总是藏着掖着，也没有必要辛辛苦苦把自己打造成一个圣人模样。很多时候，人们自以为把缺点隐藏起来是一种很高明的做法，会让人觉得自己更加出色、更加完美，可缺点并不会因为人们不重视它、隐藏它就会完全消失。

如果我们不能坦然面对自己的缺点，那么它的存在就会成为生活里的一根刺，不断干扰我们享受正常的生活。因为我们需要不断投入精力来掩盖它，需要时刻提防着它会突然出现。

一个真正聪明的人从来不会绞尽脑汁去隐藏自己的缺点，他会以平常心来看待缺点，大方地展示自己的缺点。他有时候甚至会故意通过展示缺点，来呈现更真实的自我。也许这样的行为看起来很糊涂，但可以让自己减少很多不必要的烦恼，而且这种展示会让人觉得很真诚，从而为自己赢得更多的认可和尊重。

其实，人们之所以总是想着回避缺点、隐藏缺点，最主要的原因还是多数人都对缺点怀有偏见，总是认为缺点是不好的、不祥的，认为缺点会成为一种负担和风险，会制造各种各样的麻烦。可实际上，当人们把缺点放到"适合"的环境里，就会发现缺点有时候也能发挥很大的作用，它的性质也会发生变化。

比如，很多时候，"老实人"会被定义成一个不好的词，它代表这个人懦弱、不知变通；可是当老实人站出来替所有人承担责任时，它就变成了责任感的代名词；当老实人站出来承认错误时，就变成了真诚的代名词；当老实人不计前嫌，帮助那些曾经伤害过自己的人时，则变成了心胸宽广的代名词；当老实人坚守岗位，不离不弃时，它又变成了忠诚的代名词。

很多时候，缺点和优点是可以相互转化的，有些人千方百计隐藏自己的缺点，反而会弄巧成拙。

不仅如此，我们需要认识到，缺点本身是个人身体或者思想的一部分，与优点相辅相成。少了这些缺点，人们身上的优点就不会那么突出，会给人一种不完整、不真实的感觉。

正因为如此，人们在接受自身优点的同时，也要接受自己的缺点，大方展示自己的缺点，真诚地面对自己，面对自己的生活，确保这些缺点不再成为焦虑的根源。

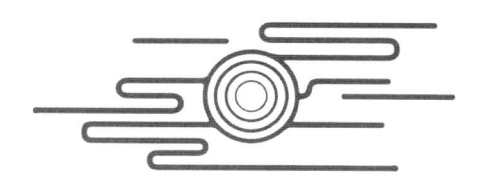

第 8 章

简单源于自信，
　通透在于平和

◎ 加强阅读和学习，用知识来提升心境

股神巴菲特曾经说过这样一段话："查理拓宽了我的视野，让我以非同寻常的速度从猩猩进化到人类，没有查理，我会比现在贫穷得多。"

他口中的查理就是著名的投资大师查理·芒格。很多知名投资人都可以被称为大师，芒格则是大师中的大师。在那些顶级投资者看来，芒格绝对是学识最渊博的一个。

和很多投资者每天忙于寻找投资标不同的是，芒格更喜欢阅读，他每天都会花费大量时间看书、看报，几十年如一日，因此积累了丰富的知识。

早在大学时代，他就将学习当成最重要的任务。为了获得更多的知识，他先后前往四所大学上学，而且每一次都选择了不同的专业。所以在四年时间里，他接触了数学、物理学、自然和工程学、热力学、气象学、法学等数个学科的知识。

> 他只想学习更多的知识，并不关心自己是不是能毕业。在前三所大学里，他都没有拿到学位证，直到进入哈佛大学法学院学习，他才以优等生的身份拿到了学士学位。
>
> 学习和阅读让芒格积累了丰富的知识，使他得以构建多元化的思维模型，即综合各学科的知识进行思考和分析，以此来把握事物的本质。这些思维模型不仅帮助他提升了投资的效率，还提升了他对生活的感知能力以及人生的境界。
>
> 了解芒格的人都知道，他是一个生活简单、充满睿智的人，对于人生、对于生活的理解，简单、纯粹、通透，充满了东方哲学的思辨，也充满温馨、自由、平和的味道。
>
> 多年来，他始终保持简单平凡的生活，很少出门，很少社交，只购买少量生活必需品，保持良好的生活习惯，这也是他能够享受生活的关键。

一个喜欢阅读和学习的人，未必一定会成为思想家、哲学家，未必拥有很高的人生境界，但那些人生境界很高、思想层次很高的人，往往都喜欢阅读和学习。他们通过学习来提升自己领悟世界、感知生活的能力。

一般来说，越是喜欢阅读和学习的人，越是可以吸收更多的知识。知识的积累可以拓展个人的眼界，提升个人的思想层次，这样一来，他们对事物的看法会更透彻，对生活的理解也会更透彻，更容易透过现象看到本质，因此也更容易构建相对简单的、通透的生活模式。

再者，阅读本身就是一种修身养性的方式。经常阅读的人内心比较宁静平和，不容易受到外界事物的干扰。因为学习需要安静的状态，为了更好地学习，人们会不断要求自己控制好情绪，调节好自己的状态。而当人们沉浸在自己喜欢的书中时，不仅可以学到很多自己感兴趣的知识，还可以暂时忘却生活中的各种烦恼。

此外，学习本身就是答疑解惑的过程。当我们情绪低落的时候，可以从书中找到调节情绪的方法；当我们面临困境的时候，可以从书中寻找解决问题的方法；当我们产生各种烦恼和压力时，可以从书中感悟到自我解脱的方法。

正因为如此，在人们寻求思想的完善和境界的提升时，在人们渴望更清晰地把握人生的脉络时，需要多阅读、多学习，通过学习来培养更高层次的生活理念。学习并不是简单地看书，也不是随便接触和吸收一点儿知识。想要发挥出学习的作用，想要通过学习来培养更健康、更高级的生活理念，就要注意学习的方法。

首先，要阅读不同类型的书，拓展学习的广度。学的知识点越广，我们接触的东西越多，越可以从不同的角度来分析问题。而且学习的广度也决定了视野的宽度，了解的东西越多，我们越能够把握事物的全局。正因为如此，学习时不要轻易设限，可以选择心理学、工程学、数学、物理学、化学、哲学、历史学、经济学等多方面的知识。

其次，阅读和学习并不意味着越多越好，也并不意味着可以随便阅读和学习，学习需要注重品质，注重知识的深度。著名科学家富兰克林说过："在读书上，数量并不列于首要，重要的是书的品质与所引起的思索的程度。"

阅读那些毫无意义的书，就是在浪费自己的时间，对自身成长毫无帮助。阅读那些不良书籍，更是会破坏我们的人生观、价值观和世界观，影响人们对美好生活的感知。所以，我们需要阅读那些价值更高、更能引发我们深入思索的好书籍，这样才能不断进步，不断推动自我提升。

需要注意的是，我们要懂得对所学知识进行思考、总结和完善，最终形成自己的知识体系。许多人学习知识只是单纯地复制别人的经验和思想，结果发现他人的经验并不适合自己，甚至在指导自己的生活和工作时会产生一些负面影响。所以，真正有意义的学习是学会对所学知识进行独立思考，从而形成更适合自己的生活真理。

◎ 主动和那些心境澄明的人交往

桥水基金创始人达利欧在《原则》一书中说道："想想吧：以赚钱为目标的人生并没有什么意义，原因在于金钱的价值并不是固定的，它的价值取决于能买到什么，更何况有些东西即使有钱也买不到。如果人们足够聪明的话，必须先确定自己想要什么，有什么目标，然后弄清楚为了实现目标应该做些什么。严格来说，金钱只是生活必需品中的一项，当人们掌握了能够购买所需物品的金钱时，就会发现金钱已经不再是自己唯一需要的东西，甚至连最重要的东西也算不上。当人们思考自己真正想要什么东西时，一定要思考这些东西的相对价值，然后做出合理的评估和平衡。就我个人来说，我对有意义的工作和人际关系有很大的需求，我觉得它们非常重要，相比之下，金钱似乎并没有那么不可或缺——我认为一个人挣到的钱只要能满足生活所需就足够了，如果有人

> 问我有意义的人际关系与金钱相比，哪个更重要，我会毫不犹豫地说：'人际关系更重要，因为那些有意义的人际关系往往是无价的，人们花再多的金钱也买不到比它更有价值的东西。'从这个角度来说，无论是过去，还是现在，那些有意义的工作和有意义的人际关系都是我人生的主要目标，我所做的一切都是为了实现这两个目标。而赚钱只是我追求目标道路上附带出现的结果。"

在谈到推动个人成长和发展的相关要素时，人际关系一直都是不可忽视的重要因素。由于每个人都是社会中的一分子，每个人都依赖社会关系而存在和发展，因此可以说人际关系的价值往往决定了人生的价值。

好的人际关系可以为人们提供更优质的资源、更丰富的经验，可以带来更多的精神鼓励，对个人的成长至关重要。对那些渴望构建一种简单通透、淳朴自然的生活方式的人来说，最简单的建立好的人际关系的方法就是，找一个心境澄明的人，与他进行更多的互动，了解他如何生活，如何体验生活，从他身上学习到更多的生活经验。

> 李先生是一家地产公司的老总，早在二十几年前就通过房地产积累了亿万身家。在成为富翁之后，他的生活一下子

就失去了目标，每天不是和朋友们一起喝酒吃饭，就是疯狂购买豪车豪宅、名牌服装等各种奢侈品。那段时间的疯狂和荒唐让他彻底迷失了自己，他觉得生活越来越没有滋味，甚至产生了消极厌世的情绪。

2016年，李先生偶然参加了一次户外的社会公益活动。活动期间，他发现一家公司的老总竟然穿着一双拖鞋步行来参会，而当大家提议去酒店里聚餐时，这个老总摆摆手，笑着说："我一会儿还要去菜市场买萝卜和白菜，晚了就买不到好的菜了。"

看到一个身家几十亿的富翁对买菜这样的小事情如此看重，李先生陷入了沉思。在那一刻，李先生产生了像对方一样生活的想法——不用时刻端着身份，不用每天活得那么累。于是李先生追上去打招呼，并跟着对方一起去买菜。一路上，他非常认真地听对方谈论如何选菜、如何炒菜，还跟着对方去他家参观了菜园。

在那之后，李先生经常去拜访对方。两人一起买菜，一起逛公园，周末还相约去钓鱼。

在与对方相处了一段时间之后，李先生也慢慢发生了变化。他推掉了很多无意义的酒局，出门也开始坐公交、坐地铁。他原本计划购买一栋湖边别墅，可是在享受了每天买菜的乐趣后，直接放弃了这个想法。

对一个人的成长来说，环境往往非常重要。人们想要成为什么人，就最好进入什么样的环境中生活。当周围都是喜欢攀比、耽于享受、挥霍无度、缺乏自律、容易感情用事、遇事缺乏耐心的人时，我们的行为方式、思维模式、价值观等也会受到影响，生活方式也会慢慢向他们靠拢。如果周围都是热爱生活、洁身自好、心胸坦荡、积极乐观、心境澄明的人，那我们自身的行为也会受到约束，对生活的理解和感悟也会慢慢得到提升。

那我们应该如何与那些心境澄明的人进行交往呢？

首先，我们要改变自己不合理的生活方式，不要意气用事，不要奢侈浪费，不要随意拖延，约束自己的基本言行，给对方留下一个好印象，这样有助于赢得他人的认同。

其次，"君子之交淡如水"，在与人相处的时候，要淡化彼此之间的关联性，一切顺其自然，不要太过刻意，更不要用利益交换的模式进行交往。比如，很多人在与人交往时喜欢强调彼此之间的利益交换或者利益共享，在普通的社交场合中，这种利益互换的模式没有什么问题，但如果对方内心澄明清澈、无欲无求，那么利益互换的交流模式就会让他心生反感。又如，很多人一说到社交，想到的就是喝酒吃饭，就是一起唱歌、洗脚，就是赠送各种名贵的礼物，这些行为无疑会削弱自己的形象，被对方看低。

最后，主动融入对方的生活圈。认识某个人，与进入某个人的生活圈子，是完全不同的概念。认识那些内心澄明的人并与之交往，这样的接触面非常有限，彼此之间的影响力也很有限。最好的方法就是主动进入对方的生活圈，看看对方和哪些人交往，看看对方的社交活动是怎样的。了解并进入对方的社交圈，能够让我们进入一个更好的环境来熏陶自己。

需要注意的是，一个人思想境界、生活境界的提升并不是一朝一夕的事，也并不会因为自己认识了某些人就可以快速成长起来。任何一种成长都需要过程，耳濡目染本身也是一个渐变的过程，因此我们需要保持耐心。

◎ 经常思考和冥想，净化内心

著名的影视巨星阿诺德·施瓦辛格早年是一位健美选手，后来从事影视行业，并成为好莱坞巨星。在转型的过程中，他遭遇了很多的麻烦。那时候，他每天需要花费大量时间选择剧本、揣摩角色、拍戏，这种高强度的生活方式让他背负了巨大的心理压力。

此外，好莱坞的镁光灯那么耀眼，而他每天都要站在媒体面前接受各种采访，这也让他感到很不适应。

那段时间，施瓦辛格经常做噩梦。巨大的工作压力也影响到了他的生活，他经常和家人发生冲突。因此，他觉得自己不适合当演员，不适合继续待在好莱坞，萌生了退出的念头。

朋友得知了他的情况，就向他推荐了一位冥想大师。施瓦辛格抱着试试看的心态跟大师进行冥想，希望可以通过冥想摆脱内心的负面情绪。在那之后，施瓦辛格每天早、晚各花20分钟进行打坐，然后开始慢慢进入冥想状态。

尽管一开始他并不认为这种方式有什么作用，可是随着时间的推移，他意识到自己的情绪调节能力变得越来越强，之前的焦虑感、挫败感也逐渐消失了。每次打坐完之后，他的身心都感到轻松愉悦。

后来，施瓦辛格在公众面前分享了自己的经历，向更多人推广冥想的价值："通过冥想，不仅能让焦虑感消失，情绪也能比之前更稳定。我不再担忧工作太过繁重，不再将成堆的事情看成一个个麻烦。直到今天，我仍然从冥想中受益。"

随着社会的发展，越来越多的人认识到了冥想的价值。现如今的生活节奏越来越快，大家的精神压力越来越大，而且每一天都在增加。这些压力对个人的生活、工作、人际关系、身心健康产生了很大的影响，而冥想恰恰是一种非常高效的情绪管理、情绪调节手段。所以，很多上班族在忙碌一天之后，会选择一段空闲时间进行冥想，通过冥想来放空自己，排遣身心压力，进行自我调节。

冥想其实是瑜伽中非常重要的一项技能，它的主要功能是引导人们进入入定状态，摆脱负面情绪的困扰。

在冥想的时候，人们首先应该选择一个安静的场所，最好是一个封闭的房间，这样就可以避免其他人的打扰。接下来，练习者需要花费几分钟时间让自己的身体和大脑放松下来，然后坐下，缓缓闭上眼睛，并开始将注意力集中在对自己呼吸的感知上。

等到呼吸越来越平和，越来越放松时，大脑中的杂念就会被一点点排空。此时练习者已经进入状态，他们可以开始感知身体的部位。具体来说，就是将自己的意念集中在某个身体部位上，用心感受这个部位对外界的感知和反应，感受它是发热还是发冷，是处于疼痛之中还是存在酸麻感，感受它是否出现了震动，是否受到了拍打。练习者还要用心感知这些外界刺激是粗暴的、细微的、柔和的，还是时断时续的。

刚开始练习的人，感知能力可能较弱，可以先试着感知肌肤与衣服的摩擦，感知身体与空气的接触，通过这种接触来推动自己入定。

感知一个部位1~2分钟后，就需要转移到另外一个部位上，然后再坚持1~2分钟。在感知的过程中，不要有任何主观上的臆想，只需了解这种感知本来的样子即可。

在冥想的过程中，练习者可能会受到情绪的干扰，但没有必要对抗这些情绪，而应将这件事本身当成一种生活体验来看待。一旦察觉到自己的情绪出现波动，可以尝试着去感受一下"不让情绪发作"所带来的快感，然后想办法重置冥想的过程。

冥想不是逃避，有时候，练习者也可以针对那些引发精神压力的事件进行冥想，在大脑中生动描绘所发生的事情，然后把自己放在第三者的位置上，客观而冷静地观察这件事发生的过程，完全不进行干预，避免受到负面情绪的影响。练习者可以在观察的过程中进行评价，说出自己的感受，将这些感受用一个能够体现内心压力和痛苦的词汇表达出来，接下来只需要将注意力放在这个词汇上。

通常情况下，人们对情绪的了解往往以主观感知和分析的形式进行，而冥想则相反，它是一种以独立的、客观的方式来体验情绪的感知方法，体验者可以独立于主观模式之外，以旁观者的身份和角度来看待自身情绪的变化。通过冥想，人们会更好地体验到超越思想和情感的感觉，这种感觉能够更好地推动人们强化自身的情感控制能力。

关于冥想的力量和作用，作家安迪·普迪科姆在《简单冥想术：激活你的潜在创造力》一书中给予了很高的评价，他认为每个人在冥想时都打造了一个独特的"头脑空间"，这个头脑空间并不会随着情绪的变化而变化，但当人们的情绪出现变化时，可以感知到头脑空间的存在，头脑空间广阔无垠，能够容纳任何一种情绪。

如果说个人的情绪和压力是河流，那么头脑空间就是大海，无论多少河水流进大海里，都几乎可以忽略不计，惊不起半点波浪。人们在冥想时，开放的头脑空间可以吞没和淡化那些负面情绪，悄无声息地淡化所有发生的事情。

◎ 感知生活，体验生活

　　一个人的思想和价值观往往是在生活中慢慢形成的。那些热爱生活的人，那些活得通透的人，必定对生活有很深的体验。而那些生活经常陷入混乱之中，找不到人生方向的人，通常都缺乏足够的生活感知能力。他们并不了解自己的生活，也没有认真体验过生活。

　　比如，很多人戏称大学生毕业即失业，就是因为大学生在毕业以后会陷入焦虑和恐惧当中。他们不知道自己要做什么工作，也不清楚自己擅长做什么，因此没有明确的就业方向和具体的发展规划。为什么会这样呢？原因就在于，十几年的学校生活让很多学生严重脱离现实生活，他们对生活、社会的认知停留在一些封闭的知识系统内，他们接触外界的时间很少，接触面也很小，导致他们没有把握能与现实社会建立紧密的联系。

　　如果一个人不能深入生活，不能感知生活的点点滴滴，就无法在第一时间发现生活中出现的微妙变化，无法准确地感知大环境发生的变化，自然也无法抓住生活中出现的发展机会。

　　同样，如果一个人对生活的体验不够，就会导致他活在主观主义当中，他不知道生活究竟会发生什么，也不清楚生活会带来什么乐趣。

　　只有那些真正感知和体验生活的人，才能理解生活中的酸甜苦辣，才能真正了解生活的真相和本质，也才能在生活中表现出足够的热爱，并保持自然平和的心境。

> 知名作家汪曾祺一生写过很多小说和散文，这些作品大都平和恬淡，具有诗意，因此他被誉为"抒情的人道主义者，中国最后一个纯粹的文人，中国最后一个士大夫"。人如其文，汪曾祺的性格偏于恬淡，为人简单随性、洒脱有趣，因此很多人将他称作"活庄子"。
>
> 为什么汪曾祺一生会如此洒脱逍遥呢？这和他的生活方式密不可分。汪曾祺经常会写关于美食的文章，而在现实生活中，他同样非常喜欢享用美食，也喜欢做饭，到了晚年更是将做饭视为生活中不可或缺的乐趣。在他看来，做饭不仅可以满足口腹之欲，还能够从中体验到生活的乐趣。平时，他喜欢到满是烟火气的菜市场转悠，到处看鸡鸭鱼肉、青蔬瓜果，买完菜后，他就开开心心回家做菜，有时候还会在家里宴请朋友。
>
> 正是因为他可以走近平常人的生活，主动去体验买菜做饭的乐趣，他对生活的感悟才越来越深。而这直接影响了他的性格和心境，使得他无论遇到什么事情，都可以心平气和地应对，都可以轻松地拿起和放下。

汪曾祺的性格和气质就是在日常生活中培养出来的，如果他没有主动融入生活，没有学会感知和体验生活，他就无法写出那些富有诗意的文章，也不可能拥有洒脱、逍遥、淡然的心境。

很多时候，人们都在强调享受生活，而享受生活的前提就是感知和体验生活。感知是挖掘和发现生活美的关键，体验是将这种美感沁入人心的前提。学会感知和体验生活的人，会对生活有更深的感情，更容易构建起完整的人生观和世界观。

那么人们应该如何感知生活、体验生活呢？

关于如何感知生活，作家埃克哈特·托利在《当下的力量》中说道："人们需要充分利用自己的感觉器官。安静地站在那里，缓缓观察四周的情况，但是只要看一看就可以了，没有必要花费精力去分析和解释周遭发生的一切。人们需要专注地观察周围环境中的光线、形状、颜色、质感等，用心去感受身边每一个东西，了解它们的静，了解它们所处的空间。人们可以用心去倾听那些声音，但是没有必要去弄清楚那是什么声音。在聆听中感受万物的宁静，然后用手去触摸遇到的东西，认真感受它们的存在，认同它们存在的价值。人们应该将注意力从外部转移到自己身上，观察呼吸，感受呼吸的节奏，认真感受空气流入肺部，又从肺部呼出来，感知体内生命能量的流动。总而言之，人们能做的就是承认和认同外在、内在所发生的一切，接受万事万物原本的模样，然后用心感受当下的一切。"

想要感知生活，就要放大自己的感官能力，认真关注生活的每一个细节。每天看日出、看日落，这是一种感知；倾听雨声、风声，倾听森林里的鸟叫，这也是一种感知；用手去触摸泥土，或者感受流水的温度和流速，这也是一种感知；去野外呼吸新鲜的空气，感受自己呼吸的频率，感受大自然的自在和放松，这也是一种感知。

真正的感知就是充分利用自己的视觉、嗅觉、味觉、触觉、听觉去了解自然，用心感受自然。尽管人们的感官系统每天都在运作，但并没有认真去感知。

当人们感知到自然的形态、温度、色彩、质感时，就需要及时深入生活，体验自然的美、生活的美，而这种体验主要集中在生活形式上。出去旅游是一种体验，在家里喝茶看书，也是一种体验；每天吃简单的饭菜是一种体验，偶尔约朋友吃顿好的也是一种体验；在家里陪孩子看电视是一种体验，出差回来时给妻子和孩子准备一份礼物也是一种体验。

不同的人有不同的生活方式，有不同的生活趣味，自然也拥有不同的体验。重要的不是体验的方式，而是能够从体验中感受到生活的能量。体验生活的方式多种多样，而无论是哪一种方式，都要做到自然、淡定、用心。

体验生活的时候需要注入自己的爱，这样才能让生活充满幸福和快乐。

◎ 热爱生活，保持良好的生活习惯

一个内心追求简单、追求平和的人，一个对生活、对人生都看得通透的人，往往也是热爱生活的人。因为只有对生活充满热爱、充满敬畏的人，才能真正认识到什么样的生活才是有价值的，什么样的生活才是值得去追求的。

反过来说，如果人们想要提升自己的心境，想要让自己活得更自在、更通透，就要学会热爱生活，学会在每一天都保持良好的生活习惯，并通过这些好习惯来提升自己对美好生活的感知和敬重。

一个人如果可以保持良好的生活习惯，就证明他愿意经营一个更完整、更美好的人生，证明他会全身心地投入到每一天的生活中，让每一天都充实且井然有序。而当一个人经常感到生活混乱，感到人生太过复杂和烦琐的时候，就说明他没有很好地梳理生活，没有约束自己的行为。

比如有的人喜欢酗酒、喜欢抽烟、喜欢熬夜、喜欢暴饮暴食，这样的人往往耽于享受，无法控制住自己的欲望，也无法提升自己的生活质量，不在乎自己的健康是否受到威胁。他们的生活缺乏节制，混乱无序，长此以往只会越过越累，越过越乏味。

很多人的生活方式不合理也不健康，一整天都迷迷糊糊，缺乏斗志。

而那些热爱生活，对生活抱有期望的人，从早晨起床开始就可以表现出非常好的状态。

人们是否对自己的人生呈现喜悦迎接的状态，是否能开朗地面对生活中的种种考验与挫折，通常可以在早晨起床的那一瞬间表现出来。

那些悲观、堕落、焦虑的人，早上醒来的时候就拖拖拉拉，没有时间观念，经常因为一些小事情走神。

除了早起，睡眠也能反映出一个人的状态。那些晚睡，经常半夜不睡觉，容易失眠，容易做噩梦的人，往往内心繁杂，心中积郁难以释怀，很容易受到外界因素的干扰。他们的身体和心理都容易出现问题，而且会影响一整天的生活质量。

正因为如此，想让自己拥有更好的心境，想让自己真正得到成长，就一定要学会热爱生活，而热爱生活最基本的表现就是保持良好的生活习惯。

简单来说，即使是日常的衣食住行，也要严格约束和要求自己，培养正确的生活观念和生活方式。

小王原本是世界500强企业的工程师，工作表现一直很出色，领导甚至有意提拔他成为研发部的主管。可是就在这个时候，小王突然提交了辞呈，理由是"工作太累，想过自己想过的生活"。周围人对他的决定很不理解，毕竟他的薪水很高，福利也很好，加上还有升职的希望，有很多人想要获得这样的机会而不得呢。

> 但是小王铁了心要离开，朋友问他为什么非要离开，他有些委屈地说，最近几年，公司的发展遇到了问题，员工们除了努力工作之外，有时候还要出去喝酒应酬，频繁的应酬让他染上了烟瘾。
>
> 不仅如此，他的作息时间也被严重打乱，领导经常半夜发来邮件，经常要求他早上5点就赶到公司。他此前每天都坚持锻炼，可是工作之后，经常连续几个月都没时间跑步和登山。
>
> 为了工作，他甚至改变了每天和妻子一起散步的习惯，也不得不取消每个周末陪孩子去游乐场的计划。他发现自己的工作越来越忙，生活越来越累，越来越不自由，这显然背离了自己的初衷。所以他决然地辞掉了工作，并且计划经营一家乡村咖啡馆，掌控自己的工作和生活。

哈佛大学企业管理学硕士查尔斯·都希格在《习惯的力量》中说道："每天的活动中，有超过40%是习惯的产物，而不是自己主动的决定。虽然每个习惯的影响相对来说比较小，但是随着时间的推移，这些习惯综合起来却对我们的人生有着巨大的影响。"

良好的生活习惯无疑会构建更幸福的生活，而不良的生活习惯会摧毁人们的幸福和快乐。有时候，改变生活要从改变生活习惯开始。

那么，我们应该如何养成良好的生活习惯呢？

第一，建立规律的作息时间。一个人的作息时间安排往往体现出他对生活的投入度和重视的程度，只有重视时间安排、重视作息的人，才能够真正掌控好自己的生活。因此我们如果想要活得更加简单、通透，就要想办法规范自己的作息时间，确保自己每天都可以拿出最好的生活状态。

第二，建立正确的消费观。不要被美酒美食、华美的服饰、奢华的房子等物质生活麻痹，对于生活所需品只求实用舒适。平时与朋友在一起，也不要盲目攀比，不要把物质享受当成生活的主流，不要将物质生活的水平和生活水平等同起来看待。只有消费观正确了，对于生活的态度才能够端正。

第三，约束自己的行为，提高自己的道德修养，不做违背道德、违反法律的事情。有些人平时不注意自己的形象和行为，由着自己的性子和想法行事，总是想到什么做什么，这种人很容易制造社会矛盾，给自己增加麻烦。只有那些严于律己、品行高洁的人，才能够打造真正和谐、简单、快乐的生活。

第四，合理安排生活和工作。那些不懂生活的人往往会将生活和工作混淆在一起，往往因为生活上的事影响到工作，又将工作的情绪带到生活中来，增加生活的压力，导致工作和生活都一塌糊涂，甚至影响到工作关系和家庭关系。因此我们要合理分配生活与工作的时间，平衡好生活与工作的关系，确保自己可以在相对自由的状态下轻松切换身份。

总的来说，想要培养感知生活的能力，想要体验生活的美好，一定要从自身做起，规范自己的言行，端正自己的态度，让自己每一天都可以按照正确的方式生活，让自己每一天都可以在自信、平和的状态中构建生活的美。